花卉栽培养护新技术推广丛书

榕属植物

Rongshuzhiwu

养花专家解惑答疑

王凤祥 主编

中国林业出版社

《榕属植物·养花专家解惑答疑》分册

| 编写人员 | 王凤祥　周晓东　郇　军　刘书华　黄丛林

| 图片摄影 | 黄丛林　佟金成　佟金龙　马　箭　周晓东

| 参加工作 | 梁宏霞

图书在版编目（CIP）数据

榕属植物养花专家解惑答疑/王凤祥主编. —北京：中国林业出版社，2010.1

(花卉栽培养护新技术推广丛书)

ISBN 978-7-5038-5465-1

Ⅰ.榕…　Ⅱ.王…　Ⅲ.榕属－观赏园艺－问答　Ⅳ. S687.9-44

中国版本图书馆CIP数据核字（2009）第214394号

策划编辑：李　惟　陈英君

责任编辑：陈英君

出　　版：中国林业出版社（100009　北京西城区德内大街刘海胡同7号）

网　　址：www.cfph.com.cn

E-mail：cfphz@public.bta.net.cn

电　　话：(010) 83224477

发　　行：新华书店北京发行所

制　　版：北京美光制版有限公司

印　　刷：北京百善印刷厂

版　　次：2010年1月第1版

印　　次：2010年1月第1次

开　　本：889mm × 1194mm　　1/32

定　　价：16.00元

编辑委员会

总序

农业、农村和农民问题，始终是关系我国经济和社会发展全局的重大问题。在现阶段，党中央提出了建设社会主义新农村的历史任务，这是新时期解决“三农”问题和统筹城乡发展的重大举措。

建设社会主义新农村，保障粮食安全、发展现代农业、增加农民收入、培养新型农民、提高生活质量、完善管理机制的要求十分迫切。对科技提出了全面的需求。尤其是在较长的农业产业链中，从种植到生产、加工、销售等环节，都迫切需要科技的支撑和引领。

花卉业作为一种高效农业产业，在农业及农村经济中的地位也越来越重要。北京市农林科学院北京农业生物技术研究中心组织编辑出版“花卉栽培养护新技术推广丛书”，由工作在花卉生产、研究、教学、应用、管理一线的科研、技术专家以问答的形式，对读者提出的各种问题给予解答，通俗易懂，针对性强。该套丛书的出版，对于普及花卉栽培养护知识、提高花农素质，对花卉产业的发展，对社会主义新农村建设等必将产生积极的推动作用。

《花卉栽培养护新技术推广丛书》编辑委员会

2007年6月22日

《榕属植物·养花专家解惑答疑》分册

前言

花是美好的象征，绿是人类健康的源泉，养花种树是人民群众的天赋。改革开放以来，国家昌盛，太平盛世，百废俱兴，花卉事业蒸蒸日上，随着人民经济收入、文化层次的不断提高，城市农业日益发展，花卉展览全年不断，不但旅游景区、公园、绿地布置鲜花绿树，家庭小院、阳台、居室、屋顶也随之掀起养花种草热潮，花卉已经成为日常生活中不可缺少的一部分。在农村不但出现大型花卉生产基地出口创汇，还出现公司加农户的新型产业结构，自产自销花卉生产专业户更是星罗棋布，打破以往单一生产经济作物的局面，给农民拓宽了致富道路。

为排解榕属植物生产栽培、养护中常遇到的问题，由王凤祥、周晓东、郇军、刘书华、黄丛林编写《榕属植物》分册，以问答方式给大家提供一些帮助，由梁宏霞协助整理，黄丛林、佟金成、佟金龙、马箭、周晓东提供照片，并在北京市农林科学院生物技术研究中心、中国农业大学绿化服务中心、花乡十八村花圃等全体工作人员鼎力支持下完成编撰，在此一并感谢。

本册概括榕属植物的形态、习性、繁殖、栽培、应用、病虫害防治、杂谈等诸多方面知识，语言通俗易懂，不受文化程度高低限制，适合广大花卉生产者、花卉栽培专业学生、业余花卉栽培爱好者阅读，为专业技术人员提供参考。

作者技术水平有限，难免有不足或错误之处，欢迎广大读者指正。

作者

2009年6月

问与答

问题

一 形态篇

二 习性篇

二 繁殖篇

四 栽培篇

五 病虫害防治篇

六 应用篇

一、形态篇

桑科榕属（无花果属）植物，因其根、茎、叶有很高的观赏性，且在容器中栽培极易成功，所以深受人们喜爱。榕属植物，世界上大约有1000多个种、变种，品种则更多，这里只介绍适合容器栽培的种类。

1. 怎样识别榕树？

答：榕树（*Ficus microcarpa*）又有正榕、细叶榕、小叶榕、气达榕之称，为常绿高大乔木，体内含有白色乳汁。根系发达，地下根褐黄色、黄色或白色，高温条件下极易发生气生根，裸露的气生根灰褐色或灰黑色，在南方暖地常被苔藓植物包裹呈绿色、褐绿色，在潮湿多雨地区，十几米高的分枝上均有大量气生根发生，并随伸长接触地面后，扎入地下发生多数分根而形成正常根。由于气生根很发达，变为正常根后大量吸收水分、养分，株冠不断扩大，而有独木成林之现象。也有一些气生根由于发生位置较高，空气湿度较低，生长速度较慢，形成马尾状或鸟巢状，悬挂于空中随风摇曳，通常1～2年不会折断也不会枯死，一旦遇有可生长环境，仍然继续生长。在南方暖地多雨地区，株高可达20～35米，表皮灰黑、灰褐、橘黄等色，随树龄变化而变化。树干直立端正，分枝多而健壮、柔韧，新枝绿色。叶互生，革质有光泽，椭圆形，全缘或稍有波状缘，中脉直通叶先端，两侧基出脉位于叶近叶缘处。具短叶柄。隐头花序近无柄，单生或对生于叶腋，近卵球形，直径5～10毫米。种子细小，黄褐色。

2. 垂榕是什么样的？怎样识别？

答：垂榕（*Ficus benjamina*）又有重叶榕、垂叶榕、垂枝榕、吊丝榕之称。大乔木，株高可达30米。根系发达硬脆，褐黄色或黄色。主干直立，分枝稠密，主干与分枝夹角小，细枝下垂，表皮褐黄或灰黑色，木材坚硬。叶互生，薄革质，叶色稍淡，有光泽，椭圆形，长5～10厘米，宽2～6厘米，先端渐尖，基部半圆形或宽楔形，主脉1条，侧脉多数，叶柄1～2.5厘米。隐头花序近无柄，花托单生或对生于叶腋，球形或卵球形，直径4～18毫米。种子细小，黄色。

3. 怎样辨认花叶垂榕？与斑叶垂榕有哪些不同？

答：花叶垂榕（*Ficus benjamina* ‘Golden’）又有花叶垂枝榕、花叶垂叶榕、黄斑叶垂榕之称，为小乔木，株高1～3米，为垂枝榕的矮生斑叶变种。分枝性强，多而密集，树形与垂枝榕基本相同，但叶片淡绿色，具有不规则黄斑，通常黄色占主体，多于绿色 。小枝、叶脉、叶缘多为黄色。

斑叶垂榕（*Ficus benjamina* ‘Variegata’）叶片绿色，具有乳黄色斑，全绿色叶较多，斑叶搀杂其间。

4. 常见容器栽培的橡皮树有几种？怎样区分？

答：目前常见容器栽培的橡皮树有：橡皮树、白斑叶橡皮树、白叶黄边橡皮树、黄斑叶橡皮树、青叶橡皮树、圆叶橡皮树、圆叶黄斑橡皮树、黑金刚橡皮树及小叶橡皮树等9种。

(1) 橡皮树（*Ficus elastica*）：又有印度胶树、印度橡皮树、印度榕树、缅树、长叶橡皮树等多种名称。高大常绿乔木。皮层含有白色乳汁。株冠开张。根系发达健壮，常为黄色、土黄色、黄白色，先端白色柔软，在潮湿环境，基部偶有气生根。茎干直立，树皮平滑，灰黑色、灰黄色、褐黄色或黄色，新枝绿色或带有紫红色，分枝上叶片脱落后留有叶痕，分枝角度大，常有横生枝或下垂枝。叶互生，革质有光泽，长椭圆形或矩圆形，长5～30厘米，宽5～9厘米，主脉明显，侧脉丰富，先端渐尖，基部半圆形，全缘，新叶被片红色披针形，长10～15厘米，早落。隐头花序无柄，单生或对生于叶腋，矩圆形，长约1.2厘米，直径不足1厘米，成熟时土黄色。

(2) 白斑叶橡皮树：叶片绿色具有乳白色不规则斑块。其它与橡皮树相同。

(3) 白叶黄边橡皮树：叶片具不规则乳白色斑块，叶缘处具有不规则淡黄色或黄色边缘。其它与橡皮树几乎相同，但长势较弱。

(4) 圆叶橡皮树：叶片宽大椭圆形，厚革质，长可达35厘米，宽可达12厘米，先端近圆形，具微尖或尖，基部规整半圆形，主脉明显，侧脉丰富，叶片绿色中带有红色。叶柄及新枝均微带红色，叶柄长3～9厘米，呈圆柱形。包裹新生叶的被片带有紫红色，早落。树势健壮，株冠开张而铺散。其它与橡皮树基本相同。

(5) 青叶橡皮树：属长狭叶类型，叶青绿色。

(6) 圆叶黄斑橡皮树：属圆叶类型，叶片上具有乳黄色斑块。

(7) 黑金刚橡皮树：属圆叶类型，叶片墨绿色，具黑绿色光泽。

(8) 黄斑叶橡皮树：绿叶上具有乳黄色斑块，属长叶种。

(9) 小叶橡皮树：为橡皮树的矮生种，株高在2米左右，茎干直立，分枝角度大，树冠开张铺散，树干褐黄色或浅褐黄色，多年生植株灰褐或黑灰色。当年新生枝绿色。高温、高湿环境，木质化及半木质化枝条易生气生根，在分枝点处更易发生。叶片椭圆形，长4～10厘米，宽3～5厘米，全缘，主脉明显，稍有光泽。隐头花序圆球形，褐黄色，种子细小，黄色。

5. 怎样识别黄葛树？

答：黄葛树（*Ficus lacor*）又有黄榕、黄葛榕、大叶榕、马尾榕、嘉树、黄桷树等名称。落叶乔木，在原产地自然生长高可达20多米，北方为容器栽培，通常高0.5～3米。树冠开张幅度小，多呈卵形或椭圆形。根系发达，外表黄色或浅褐黄色，柔软。树干直立健壮，皮层较光滑，黄色或褐黄色，分枝多，分枝柔软。叶互生，坚纸质，椭圆形、矩圆形，偶见卵圆状，矩圆形长可达15厘米以上，宽4～7厘米，先端渐尖，基部宽楔形或半圆形，全缘，浅绿色，主脉明显。叶柄长5厘米左右，春季新叶发生时，常呈簇生状3～5片同生同长。隐头花序着生于新叶下小枝上，单生或对生，果实圆形有褶皱，种子细小，黄色。

6. 菩提树形态如何？怎样辨认？

答：菩提树（*Ficus religiosa*）又有思维树、觉树等名称，在原产地印度被视为圣树，多栽植于寺庙等处。据传说，叶片通过水浸泡后，叶肉很快腐烂，其叶脉密集呈纱状，晒干压平，能书写经书，故名菩提贝叶经，树名也可能由此而来。菩提树为高大常绿乔木。根系发达，小根柔软，外表黄色。树干黄色或褐黄色至灰黑色，较光滑，直立，在原产地露地生长树高可达20米，北方盆栽高0.5～3米。分枝开张度大，多有横生枝及下垂枝，株冠铺散，分枝柔软。叶片互生，薄革质，绿色，宽卵形，长可达17厘米，宽可达13厘米，先端骤尖呈尾状延长，尾状尖长可达叶片长的1/4～1/3，全缘，叶面平滑稍具光泽。叶柄长5～12厘米，主脉明显，侧脉网状，脉稠密，呈细纱布状着生。隐头花序，花托圆卵形具小尖。种子细小，黄色。

7. 怎样识别高山榕的形态？

答：高山榕（*Ficus altissima blume*）又有大青树、大叶榕、大青榕之称。常绿大乔木。根系发达，分支根多而柔软，黄色或黄白色。树干直立，在原产地及分布地露地自然生长，株高可达20米以上，外表皮黄色或褐黄色至灰黑色，较光滑，老干有皱皮。分枝多，上部斜生或直生，中部多横生，下部多下垂。树冠卵球形、椭圆形。叶互生，绿色，革质有光泽，长可达20厘米，甚至更长，宽约12厘米，北方容器栽培变小，先端钝尖，基部半圆形或近心形，主脉明显，侧脉1～5对。叶柄长3～6厘米，外被灰色短绒毛，内面光滑无毛。隐头花序，花序托幼时被灰色绒毛包裹，近球形无柄。种子黄色，细小。

8. 薜荔有几种？怎样辨认其形态？

答：薜荔（*Ficus pumila*）常见种有薜荔、白斑叶薜荔及乳黄白边薜荔等或变种。

(1) 薜荔：为攀援藤木或匍匐灌木，又有凉粉藤、凉粉树、木莲、水莲、水馒头、鬼馒头等名称。根系发达细长，黄色或浅褐黄色，气生根多而密集，分布在幼叶生长的部位，藤蔓依靠气生根向上或匍匐向前攀援，在南方潮湿多雨地区，多攀爬于树干、建筑物、墙壁或岩石上，藤长可达10米以上，表皮黑灰、灰褐、褐黄色，随树龄变化而变化，幼枝色淡，老干色深。分枝角度大而疏散，多数远离主藤蔓向外开张伸展，枝上具有短毛。单叶互生，两型：幼龄株及不生花序枝上的叶小而薄，卵圆形，长1～2.5厘米，基部斜向，先端钝尖，叶面光滑，叶背有短毛，全缘；有花序枝上的叶大而厚，近革质，卵状椭圆形，长4～10厘米，先端钝，基部半圆形，叶面无毛，叶背具短毛，全缘。叶柄短，约1厘米。隐头花序单生于叶腋，雄花、瘿花同生于一个花托内，雌花生于另一个花序中，花序成熟时变为黄色，种子细小、黄色。北方容器栽培或展览温室中畦地栽培，通常不易结实。

(2) 白斑叶薜荔：又有雪荔、银荔之称。叶革质，深绿色，叶缘具不规则半圆形缺刻，叶面具有乳白色斑块或斑纹，偶带有紫红色。

(3) 乳黄白边薜荔：又有银边薜荔、锦荔、花叶薜荔之名称。叶近革质，披针形，波状叶缘，叶面具有皱纹，浅灰绿色，叶缘具有乳白色斑纹。

9. 怎样认识无花果的形态？

答：无花果（*Ficus carica*）因其果实甘甜松软，为时令鲜果，有蜜果之称，又是中草药。在古今药物别名录中又有映日果、优昙钵、地珠树果等名称。目前无花果应为一个品种群，其叶形、果形、果色均有差别。小乔木或灌木。根系发达较柔软，外表皮白黄色。树干直立，上部多分枝，基部易发生子株，表皮灰白色或灰褐色至灰黑，较光滑裂纹少。在暖地露地栽培，株高可达12米左右，容器栽培1～3米高，分枝角度大，开张，蓬散，株冠呈半球形，丛生株较为杂乱。单叶互生，厚纸质，粗糙，宽卵形或矩圆形，长可达24厘米，宽8～25厘米，掌状3～5裂，裂刻深浅因品种不同而有变化，偶有不裂，先端钝，基部心形，叶背具短毛。叶柄粗壮，长4～14厘米，但10厘米左右居多，新生叶被片早落。叶缘具粗齿或波状。隐头花序单生于枝先端叶腋，梨形，成熟时紫黑色，阴雨天气常裂开，雄花、瘿花同生于一个花序托内，雌花另生于一个花序托。种子细小，黄色。

10.怎样辨别琴叶榕的形态?

答：琴叶榕（*Ficus lyrata*），拉丁学名的lyrata意思是琴状叶的，另外在《中国高等植物图鉴》也有琴叶榕，其学名为*Ficus pandurata hance*，其意思也是提琴状的，下面对两种琴叶榕做形态描述。

(1) 目前市场常见供应的琴叶榕为*F.lyrata*，原产于热带非洲。常绿乔木。根系发达，外表皮褐黄色至灰黑色。树干直立，分枝少，集中在树干先端，株冠铺散，树皮光滑有短毛，黄褐色。北方容器栽培，多为单干无分枝或极少有分枝，高0.5～1.5米的幼苗。单叶互生，革质倒卵状琴形，有光泽，脉明显，叶背面白绿色，具褐色短绒毛，叶长可达30厘米以上，波状叶缘，叶柄长2～4厘米。叶距间短。隐头花序近圆形或卵圆形，有小尖尖，基部具3枚苞片，雄花、瘿花同生于一个花序托内，雌花单生于另一个花序托内，果实成熟时紫黑色，种子细小黄褐色。

(2) 另一种琴叶榕（*F.pandurata*）为落叶小灌木，株高1～2米。新生枝及新叶具深褐色短毛，随生长自然退除。在南方暖地露地自然生长环境中，丛生状有分枝。单叶互生，纸质，倒卵状提琴形，长4～10厘米，宽2～6厘米，先端急尖，中部收腰，基部宽楔形，全缘。叶面无毛，叶背叶脉上具短毛。叶柄短，不足1厘米。隐头花序单生或对生于枝先端叶腋，具短柄，卵圆形，成熟时紫红色，雄花、瘿花同生于一个花托内，雌花生于另一个花序托内，种子细小、黄褐色。此种尚未见作为观赏用容器栽培。

11. 怎样识别竹叶榕的形态？

答：竹叶榕（*Ficus stenophylla*）又称竹叶牛奶小树。为丛生灌木，株高1～2米。容器栽培常修剪成单干或3～5干观赏。根系发达，黄色、黄褐色或白色。茎干直立，灰色至黑灰色，多年生植株呈丛生状，有分枝。单叶互生，纸质，条形或条状披针形，长可达12厘米，宽1～2厘米，先端渐尖，基部楔形，叶面粗糙，叶背主脉具硬短毛，全缘。隐头花序单生于叶腋，成熟时黑色，雄花、瘿花同生于一个花序托内。雌花单生于另一花序托内。种子细小，黄色或黄褐色。

12. 怎样认识金钱榕？

答：金钱榕(*Ficus diversifolia*)为近几年来引进的新种，学名叫圆叶橡皮树。因扦插苗生长极为缓慢，3年生苗株高不足30厘米。目前市场上供应的植株，绝大部分为榕树作砧木的嫁接苗。扦插苗根褐黄色，柔软，不甚发达。树干灰褐色或灰黑色，有凸点，具白色乳汁。叶距短0.5～1厘米，单叶互生，革质，有光泽，矩圆形或卵圆形，长2.5～6厘米，宽1～3厘米，先端钝，基部楔形，全缘，主脉明显下凹，叶柄短不足1厘米。隐头花序单生或对生于枝端叶腋。

13. 怎样识别青果榕？

答：青果榕（*Ficus variegata* Bl. var.*chlorocarpa* King）为常绿乔木，株高可达7米左右。根褐黄色，柔软、丰富。茎干直立，灰黑或灰褐色，株冠圆整。单叶互生，革质光滑，卵形或狭卵形，长8～20厘米，宽7～13厘米，先端渐尖有急尖，基部半圆形或浅心形，全缘或波状缘，偶在近先端有疏齿。叶脉5出，中脉明显。叶柄健壮光滑，长2～7厘米。隐头花序簇生于树干或老枝叶片下面，球形，成熟时黄色，雄花、瘿花同生于一个花序托内。雌花单生于另一个花序托内。种子细小，黄褐色。

14. 什么叫隐头花序？什么叫瘿花？

答：隐头花序指众多小花集中生于一个被肉质、中空、杯状或罐状花序托包裹起来的花序，即常见的无花果，无花果的外皮及皮肉肉质部分即为花序托。花序托内生有雄花、瘿花、雌花及中性花，其中瘿花形态与雌花基本相似，为一种膜翅目昆虫产卵的地方。成虫交尾后，通过花序托（无花果外皮）顶端裂开的不规则小圆孔，将卵产在花序中的瘿花内，孵化成幼虫，并生活在瘿内，而后化蛹、变为成虫，吸食花粉或飞出吸食雌花花蜜，将花粉携带至雌花柱头，授粉结实，完成隐头花序特有的传粉方法，作为昆虫繁殖用的花称为瘿花。

二、习性篇

1. 榕树在什么环境中生长最好？

答：榕树分布于广东、广西、福建、台湾、浙江、云南及贵州等地；印度、缅甸、马来西亚等地也有分布。喜光照，耐直晒，也能耐半阴，长时间过于荫蔽，叶节变长，叶片变薄。喜温暖，不耐寒，高温、高湿季节生长速度快而茂盛。喜湿润，能耐短时干旱，在高水位地区长势良好。只要温度适合，水湿条件也能生长。喜潮湿空气，也能稍耐干燥，干旱、干燥长势差。对土壤要求不严，在普通园土中能良好生长发育，但在疏松肥沃、保湿性好的土壤中，长势更健壮。在贫瘠土、黏土中长势弱。耐修剪，易造型。日前容器栽培除自然形态外，多作盆景素材。

2. 垂叶榕类在什么环境中才能良好生长？

答：垂叶榕即垂枝榕，分布于海南、云南、贵州等地；越南至印度一带也有分布，喜光照，耐直晒，也耐半阴。喜高温、高湿，不耐寒，北方容器栽培，雨季长势最佳。喜通风良好，喜潮湿空气，过于干燥长势不良。对土壤要求不严，在普通园土中能正常生长发育。在高密度土、贫瘠土中长势差。耐修剪，修剪能促使发生分枝。斑叶类、花叶类耐直晒性差，应适当遮荫。

3. 橡皮树类喜欢什么环境?

答：橡皮树分布于我国云南及印度、缅甸等地。目前全国各地均有容器栽培，有较多的种类，但适应性最强的仍然是橡皮树（长叶橡皮树），其它种类或多或少有些差别。总的来说为喜光照，能耐直晒，也能耐半阴，在半阴环境中相对长势良好。喜温暖，不耐寒，喜通风良好，通风不良会引发落叶。喜湿润，稍耐干旱。喜潮湿空气，长时间过于干燥，长势差，叶片变小。对土壤要求不严，在普通园土中能良好生长，在贫瘠土、高密度土中长势差。斑叶种类，光照过弱，色彩不鲜明。耐整形修剪。

4. 黄葛树栽培要求什么环境?

答：黄葛树在我国华南、西南地区均有分布。适应性较强。喜光照，耐直晒，稍耐半阴，长时间荫蔽，枝条徒长，变细变长，叶节也长，叶片变薄，株冠杂乱。喜温暖，不耐寒，冬季落叶或半落叶。喜湿润，稍耐干旱。耐修剪。对土壤要求不严，普通园土即能良好生长，在高密度土壤、贫瘠土壤中生长不良。

5. 容器栽培菩提树要求什么环境才能良好生长?

答：菩提树原产印度，我国云南、广西有露地栽植。近几十年来，由于气候变暖，广东、福建、海南等地也有露地栽植，全国各地大中城市均有容器栽培。喜光照，较耐直晒，半阴环境长势较好，直晒下叶片稍暗淡，但不影响生长。喜高温，不耐寒，雨季在室外长势快而健壮，冬季温室越冬。喜湿润，不甚耐干旱，喜潮湿空气。在土壤干旱、空气湿度不足、光照过强综合环境中，叶片色彩明显暗淡，还会出现褐黄色斑点。对土壤要求不严，普通园土pH值5～7的条件下生长良好，在贫瘠土壤、高密度土壤中长势不良。能耐整形修剪。

6. 高山榕能耐较强的紫外线照射吗？在哪些环境中长势最好？

答：高山榕分布于我国广东、广西、云南等地；越南、马来西亚、印度、新西兰等地也有分布，野生于山林中，为高大常绿乔木，株高可达30米。胸径（由自然地表面向上1.2米处）可达1.8米，在自然光照下的紫外线照射与通风条件下生长良好。虽然称为高山榕，实际分布位置并不是很高，因树干高大，接受紫外线强度有可能比矮小的种类要强一些，高强度的紫外线照射也会造成损伤。高山榕喜光照也能耐半阴，容器栽培在半阴环境中，长势比直晒下良好。喜湿润，能耐短时干旱，不耐积水。喜温暖，不耐寒。喜潮湿空气，干燥环境长势差。喜通风良好。对土壤要求不严，普通园土pH值在5.5～7条件下能良好生长，在黏土、贫瘠土壤中长势不良。

7. 薜荔在原分布地习性是怎样的？容器栽培也需仿效原来环境吗？

答：任何有生命的物体均需要在适合其生长发育的环境中才能生存，离开这种环境，生命力就会降低甚至死亡，这个环境就是原产地或分布地区的自然环境。但为了适应自然环境的改变，自身也会产生抗争力，这就需要很长时间产生变种或品种来完成，故栽培中需较长时间效仿原产地或分布地的自然环境。薜荔原产于我国华东、华南和西南丘陵地带，攀援于树干、岩石上，或匍匐于潮湿、通风较好的裸露地表上。因其依靠气生不定根牢固地紧贴在树皮或岩石上，就需要潮湿的攀援物或潮湿的空气，气生根才会顺利地发生随之伸长，离开这个条件，气生根难以形成。在干燥、干旱条件下，变为无根的藤枝随生长形成垂挂形式。容器栽培中往往变为垂挂或悬垂的形式，其实这并不是原来的形态，而是环境改变后的形式，这种改变，叶片只有一型，即小叶型，不会或不可能出现大叶，因此不可能开花结实。不开花结实还有更多原因，后面我们再行讨论。薜荔喜光照也能耐半阴，在江南自然环境中生长发育良好，能正常结实。容器栽培，半阴环境长势较好。喜温暖，稍耐寒，北方冬季需在温室内栽培。对土壤要求不严，在疏松肥沃、排涝保湿性好的普通园土中，能良好生长发育。

8. 生长在南方的无花果落叶吗？在什么环境中长势良好？

答：无花果原产于地中海沿岸及西南亚地区，我国黄河以南可露地栽培，以北则多为容器栽培，为落叶小乔木或灌木。落叶树不论在南方还是在北方，随着季节变化，春季发芽，夏季生长，秋季停止生长，冬季落叶，生长习性不会变化，但随温度变化，叶芽的萌动有早晚，落叶也有早晚。自然气温高的地区，发芽早、落叶晚；自然气温低或霜期早的地区，有落叶早、发芽晚的自然习性。无花果也不例外。喜光照，耐直晒，不耐阴，半阴环境多不能结果，即便结果也很难成熟。喜湿润，耐干旱性差，过于干旱会产生落叶。畏水涝，能适应干燥空气。喜通风良好，通风不良结实量少，多数不能成熟，且叶片变薄。对土壤要求不严，在疏松肥沃、普通园土中能良好生长发育结实。

9. 北方容器栽培琴叶榕习性会不会改变？在什么环境中才能良好生长？

答：琴叶榕（*Ficus lyrata*）原产于非洲热带，我国各大城市容器栽培广泛。喜光照，耐直晒性差，半阴环境长势较好。喜高温，不耐寒，遇有寒害，叶片产生离层而落叶，落叶后将很难恢复生长。喜湿润，不耐旱，畏水涝。喜潮湿空气，不很耐干燥。喜通风良好，能耐短时荫蔽。对土壤要求不严，在疏松肥沃、保水性好、pH值5～7的普通园土中长势较好。北方多在温室或荫棚下栽培养护，温室内越冬。

10. 什么环境才能栽培养护好竹叶榕？

答：竹叶榕原产于我国广东、广西、云南、贵州、江西、湖北、浙江等地，多野生于小河边、小溪旁的向阳处。喜光照，能耐直晒，也能耐半阴，过于阴蔽长势不良。喜温暖不耐寒。喜湿润不耐干旱。喜潮湿空气，耐干燥性差，喜通风良好。对土壤要求不严，在普通园土中能生长，容器栽培应选用人工配制的土壤，长势较为理想。

11. 青果榕用容器栽培时需要什么环境？

答：青果榕原产于我国广西、广东、福建等地，目前尚有野生，多生于土壤肥沃的平原及山地疏林中及小河、小溪岸边。喜光照，能耐直晒，也能耐通风良好的半阴环境。喜温暖，不耐寒，一旦受寒害不易恢复。喜湿润及潮湿空气，不耐干旱。对土壤要求不严，较耐肥，在疏松肥沃的园土中长势较好。容器栽培，雨季长势最佳。

三、繁殖篇

1. 榕树常见有几种繁殖方法？

答：常见繁殖方法有扦插、压条、埋条等，在北方温室中，多在春夏间及结合整形修剪时进行。偶有播种繁殖或野外挖取等方法。

扦插又有平畦扦插、苗床扦插、容器扦插、纸筒扦插、水插等多种方式。按插穗年龄大小及生长部位，又分为半木质化枝条扦插、成熟枝扦插、单芽扦插等多种方法。

压条分为普通压条及高枝压条、水压等方法。

埋条分为畦床埋条或容器埋条。

嫁接多作为砧木。

2. 什么叫容器扦插繁殖？有哪些常用容器？

答：将修剪好的插穗扦插于装有土壤或其它基质的花盆、苗浅或其它容器中的繁殖方法，称容器扦插繁殖。常用于扦插繁殖的容器有花盆、苗浅、苗盆、木箱、营养钵或其它有底孔、能排水的代用容器，如豆腐屉、水果筐、蔬菜筐、购物筐等。下面分别介绍。

(1) 苗浅

专为扦插或播种用的一种浅壁花盆，多为圆形，壁高10～15厘米，口径多为30～40厘米，瓦质，底孔1～3个，有沿或无沿，底的直径稍小于口径，也有底径与口径尺度相同的。

(2) 花盆

在繁殖、栽培养护中，没有标明材质、品种的均指瓦盆。榕树扦插繁殖多应用瓦盆，因榕树性喜偏湿，其它材质花盆均能应用，但应用材质密度高的花盆，因通透性差，土壤升温慢，生根稍慢为其不足。至于口径大小、盆壁高矮，应依据繁殖量而定，习惯上多用16～20厘米口径普通盆或高筒盆（深筒盆），过小，养护管理费时费水；过大，则移动不方便。

(3) 苗盘

为硬塑料制品，有普通形及分穴形（穴盘），穴的大小多种多样，形状有方有圆，外形多为长方形，质轻，移动方便，易摆放整齐，为目前苗圃应用最广的繁殖器皿，但生根后应及时分栽，否则根系易由底孔钻出盘外，扎入栽培场地地表以下，给分栽带来不利。

(4) 浅木箱

为一些小型花圃及业余花卉栽培爱好者自制的繁殖容器。通常用12～18毫米厚木板钉制，木板宜刮平去除毛刺，以防伤手。尺度大小应依据养护场地及繁殖数量而定，以1人能随意移动为最好，习惯上为长不大于1米，宽35～40厘米，高15～20厘米的长方体，底不用胶黏合，板与板间留一定量缝隙，可不打孔，如用整体板需打底孔。在长向两侧设提手，以便搬动。

(5) 营养钵

即软塑钵，用薄塑料制成，多为黑色，又称小黑钵，规格很多，可任意选用。其优点既经济，又方便，保湿性能好，不易破损。

(6) 代用品类多数四壁有孔，虽然排水良好，但保水性差，可四周围塑料薄膜后应用。

3. 扦插繁殖常用哪些基质？

答：榕树扦插繁殖常用基质有细沙土、建筑沙、风化岩沙、蛭石、珍珠岩、无肥腐叶土、无肥腐殖土、水、潮湿空气，或几种混合搭配。

(1) 沙壤土、细沙土、建筑沙

为古老的繁殖用土，至今仍广泛应用。通透性、排水性、保湿性均好，升温快，为暖性土，用于扦插或播种生根快，但因含肥力少，肥力暴，短时间内变为贫瘠土，应生根后即行分栽。另外较为经济，成本低，易找到为其优点。

(2) 风化岩沙

颗粒大，含矿物质复杂，通透性好，含空气量多，虽然浇水后很快下渗，但在短时间内即又恢复。升温快，插穗生根也快，但因颗粒大，孔隙大，不易保湿，应用时需勤喷水或浇水，相对用水量较多为其不足。

(3) 蛭石

为天然硅酸盐经高温膨化成云母状物质，具有较大、较多的气孔，并有保持水分的能力。质轻，1立方米约重100～130千克。pH值7～9，呈中性至碱性。长时间应用，会导致质地回缩变密，颗粒间及自身孔隙变小压实，影响通透性，最好与其它基质混合应用。

(4) 珍珠岩

为天然铝、硅化合物，经粉碎、高温加工成膨化而质轻的颗粒物，具有多孔结构，每1立方米约重100千克。pH值7～7.5。膨化颗粒中含有一定量对植物有害的钠、铅、氟等成分，应用前最好先行淋洗2～3次后再应用。

(5) 无肥腐叶土

狭义讲，无肥腐叶土为经堆沤发酵腐熟的树叶、杂草等植物残体；广义讲，应包括腐烂的木材锯末、木屑、树皮、树朽、秕糠、种皮等残体物质。这种物质含有大量植物所需要的营养元素，且分解较慢，肥效时间长，但必须充分发酵腐熟，防止在发酵过程中所产生的有害气体伤害植物。另外这些残体会携带大量有害菌类以及有害虫卵或幼虫，应通过充分晾晒或高温消毒灭菌后应用。习惯上很少单独应用，多与其它基质混合应用。

(6) 无肥腐殖土

又称草炭土、腐殖酸土、草炭酸等，为古代沼泽地、湖泊或湿地等生长的一些植物被埋藏于地下，在通透极差及全无空气接触条件下，形成一种分解不完全的有机物。多分布于低洼的高寒地带，上层的呈酸性反应，质地粗糙；中层或下层多数呈强酸性反应，质地较细。通过晾晒后即松散，或稍作粉碎后即可应用，为目前市场供应较多的基质之一。腐殖土用于繁殖多与其它基质混合应用，很少单独应用。

(7) 清水

即普通无污染的水，随处可取，经济方便。温度易传导，随气温升高升温快，但降温也快。随插穗浸入水中的部分吐纳，易生杂质，水变浑，应用时应经常更换。如在较大水面扦插，插穗吐纳量相对比较小，也可不更换。多用于小花圃或业余花卉栽培者。

(8) 空气

榕树在高湿度空气下易发生不定气生根，但需建立保湿设施才易成功。空气湿度变化过大，对生根不利。

4. 榕树扦插繁殖用的基质哪些可单独应用？哪些需要组合？

答：通常独立应用的有细沙土、沙壤土、建筑沙、岩沙，偶见有用蛭石、水或空气。

常见组合应用有：

细沙土或沙壤土50%，蛭石50%，翻拌均匀后应用。

细沙土或沙壤土40%，蛭石40%，珍珠岩20%，翻拌均匀后应用。

细沙土或沙壤土60%，腐叶土40%，翻拌均匀后应用。

细沙土或沙壤土60%，腐殖土40%，翻拌均匀后应用。

建筑沙或岩沙70%，腐叶土或腐殖土30%，翻拌后应用。

5. 插穗切取部位的年龄、木质化程度、带叶不带叶有没有大概界限?怎样区分?

答：按不同生长年龄段切取插穗，可分为木质化枝条（成熟枝条）、半木质化枝条（半成熟枝）、嫩枝（新枝）及单芽等几大部位。

(1) 木质化插穗：

指2年生以上、已经大量木质化的枝条作插穗，又称为大枝插穗、成型枝插穗。这种插穗多用于造型。选择时应选一些有造型前途的枝干，成活后便于造型。在切取时，尽可能选择基部或近基部有气生根或有气生根痕迹的位置，并对上部枝条强行修剪，带有少量叶片最好，不带叶片也能存活，成活率往往低于半木质化插穗。

(2) 半木质化插穗：

指形成层下木质部分已经形成，但仍为松软的枝条用作扦插插穗，又称为普通插穗。半成熟枝插穗与软枝插穗等为目前最受欢迎、应用最普遍、也是成活率最高的插穗之一。这种插穗多在1～2年生枝条上切取。

(3) 嫩枝插穗：

又称青枝插穗、软枝插穗，理论上应属半木质化插穗，主要区别在插穗基部已半木质化，而向上为未木质化的嫩枝。

(4) 单芽插穗：

指在半木质化枝条上，选取1个叶片带1个潜伏芽，切下作插穗的方法。有繁殖量大、1个枝条能切取多个插穗的优点，但费工费时为其不足，多用于观察试验。

6. 批量生产，怎样在温室内平畦扦插榕树？

答：(1) 整理温室内繁殖场地

将室内杂物、杂草清出场外。如土壤中含有杂物，应将25～30厘米深度的土壤过筛，筛出的砖石瓦块、树根草根一并清除或深埋，压实耙平。按宽度1.2～1.6米分畦，长度为南北向，按温室进深（温室宽度），南侧留30～40厘米畦埂，北侧留操作通道，通道宽度不小于1.2米，便于搬运车通行。畦埂宽度30厘米左右，高度25～30厘米。畦内刮平压实后，填入细沙土或建筑沙，有条件也可应用混合基质，厚度15～20厘米。耙平后浇灌一次50%辛硫磷乳油1000～1200倍液，或60%敌马合剂加75%百菌清可湿性粉剂600～800倍液，杀灭地下害虫及有害菌类。浇灌后封闭温室，喷洒一遍2.5%溴氰菊酯乳油5000～6000倍液加75%百菌清可湿性粉剂，喷洒宜细密，不留死角。杀虫药剂或杀菌药剂应独立配制后再混于一起，并随用随配，不宜久放。另外也可应用熏蒸烟雾剂灭菌灭虫。操作人员须做好安全防护，以防药剂中毒。

(2) 修剪插穗

选用1～2年生半木质化枝条，用枝剪剪成15～25厘米长段，剪后及时将伤口蘸涂新烧制的草木灰、木炭粉或化工商店供应的硫磺粉，如有困难，也可应用经高温消毒或充分晾晒的沙壤土或普通园土，应用的土壤需经加工成粉末状，且越细越好，防止伤流过多影响成活。然后将基部叶片剪除3～5枚，再行分为粗穗、细穗、长穗、短穗4类，并分别堆放，最先端一段不论长短，基部需带半木质化部分，如有分枝，可带3～4个分枝，分枝上需带1～3个叶片，修剪时如果正遇分枝处，可在分枝下1～2厘米处剪断，然后用两手各握1枝，向外用力掰开，呈踵状插穗后，再行截断、修剪叶片。榕树不定气生根发生没有特定部位，枝条的任何一个部位均有发生的可能，修剪插穗时不必定位于叶片下。另外在剪取枝条时，不免基部有一段没有叶片，对这段没有叶片的枝条，仍可按上述尺度分段作插穗，养护适当也能生根发芽，但插穗材料丰富时多弃之不用。

(3) 扦插

扦插前打开温室门窗全力通风，减少农药的刺激气味。将插穗分类、分块或分畦扦插，株行距10～15厘米。扦插时先用直径大于插穗的木棍、竹扦或金属棒在定点位置上扎孔，将插穗置于孔中呈直立状态，然后四周压实。要横成行、竖成线，既便于统计数量，又整齐美观。

(4) 浇水喷水

通常于扦插前1～2天浇透水，使土壤形成带水团粒，扎孔时不易松散而堵塞扦插孔。扦插工作完成后即行浇水或喷水。浇水宜透，前期保持偏湿，基质含水量最好呈饱和状态。当新芽萌动、新叶发生后，逐步减少浇水或喷水量及次数，但仍需保持湿润。接近分栽时宜偏干一些，促使新枝叶节变短，促进枝条木质化，根系增多。

(5) 遮荫

插穗切离母体后，吸水能力急剧下降，如果光照过强、蒸发过快，势必造成体内水分大量消耗，最后因干渴造成死亡，故除喷水或喷雾外，应遮去自然光50%～70%，减少蒸发，增加湿度。

(6) 室温扦插后室温应保持24～30℃，温度过低，新根不易发生，温度过高，蒸腾过快，消耗水分、养分过快，对生根不利。在适合的室温下，通常30天左右新根即可发生。新根发生后。室温过高应开窗通风，并逐步加大通风量，促使茎叶提前形成木质化，适应自然环境。

(7) 移植分栽

生根后即可分栽，但通常为养护方便，少占栽培场地，留床1年，翌春分栽。分栽时由畦的任何一侧掘苗，但习惯上由北侧开始。由于沙土类或组合基质不易掘成土球，可裸根上盆。容器可选用10×10～12×10（厘米）营养钵，或口径10～14厘米瓦盆，应用旧盆，应将盆壁上堆积的杂物清除。用纱网将底孔垫好，填装2～3厘米栽培土，如有条件加入碎蹄角片2～3片则更好，然后一手握苗、一手将根系置于钵或盆内，根系捋顺放好，然后用苗铲（花铲）将土填满压实，留出水口。栽植后，除特为造型外，使其直立，栽好一批后，将其按高矮或有无树冠、树冠大小、强苗弱苗等分类，摆放在整理好的栽培场地，摆放仍应横成行、竖成线，并需南低北高，为养护方便，最好纵向6～8排为1方，方与方之间预留养护通道，摆放整齐后浇透水，并喷水保湿。

7. 选用容器扦插榕树怎样操作？

答：选用容器扦插繁殖榕树苗的工作程序，与畦地批量扦插繁殖基本相同，可参考上题。主要区别是在容器内装入选定的基质，将插穗扦插于基质中，使其生根发芽，形成新生的小苗。容器扦插繁殖，移动方便，随时可腾挪、更换场地。生根后分栽时伤根少，有缓苗快的优点，多用于机关单位小花圃、自产自销花圃及业余花卉栽培爱好者，庭院及阳台环境应用更为广泛。但在花圃温室中与家庭庭院、楼房阳台上实施，因环境差别较大，养护阶段也有一定差别。

(1) 温室内扦插繁殖

指简易温室，即常说的塑料薄膜棚。依据实际情况选择好容器，容器多用花盆、苗浅、苗营养钵或浅木箱。最常见应用的基质为沙壤土、细沙土或建筑沙，只有少数花圃应用人工配制的混合土壤，实践中，天然土壤与人工配制的扦插繁殖基质，在成活率及生根时间长短上区别不大，生根时间长短主要取决于温度、水分及空气湿度。

容器选择后要清洗洁净，特别是应用多年的旧容器，盆壁或多或少会堆积一些无机盐类等污物，可用苗铲、钢丝刷、锉刀或其它工具清除。用塑料纱网垫好盆底孔后，即可填装扦插基质，压实刮平后浇透水，水渗下后如有不平处，应刮平或加基质填平。用直径稍大于插穗直径的木棍等工具扎孔，孔深宜大于插穗插入基质的深度，插入深度3～8厘米，将插穗轻松地置于孔中后，四周压实，最好不直接硬插于基质中，硬插会导致插穗表皮生根点摩擦受损，影响新根发生或延长生根期。通常在伤口愈伤组织尚未发生时，原皮层的气生不定根已经生出，促使愈伤组织提前愈合，故气生根演化的正常根，往往强于愈伤组织上发生的正常根，甚至到移植分栽时，愈伤组织并不明显，也没有大量新根发生。

扦插完成后，置温室半阴场地整齐摆放，南低北高，横向5～6盆，宽度约1.2～1.5米，纵向应依据温室进深（宽度）为准为1方，方与方之间及方的北端留一定量的养护通道。浇或喷透水，并保持基质偏湿，习惯上每日喷水2～3次，20天后改为1～2次，20～30天即可生根，生根后改为每1～2天1次。室温保持24～30℃，室温过高、过低均会延缓生根，严格讲，应为土温24～30℃，通常土温表层与室温相近，8～10厘米以下会逐步降低，但容器是暴露在土表以上的，通透良好的瓦质盆升温快、降温也快；营养钵常为黑色，吸热性强，且有保湿效应；浅木箱受热面积大，各有所长。故温室内室温应与土温没有大的区别，对新根发生不会产生影响。当新叶1～3片时即可分栽，但习惯上留盆1年，翌春分栽。其它参考批量扦插繁殖。

(2) 家庭庭院扦插繁殖

家庭庭院为生活场所，为防止扬尘发生，多为硬面铺设，硬面材质种类繁多，千变万化。砖瓦地面尚有较好的通透性能，空气湿度较高，天然石面虽然通透不是太好，但有块与块间的缝隙通透，且吸热性差，尚有一定量的地下湿度通透；人造石或混凝土面（洋灰地面、水泥地面）不但材质密度高、无缝隙或极少有缝隙，地面下湿气不能上升，空气干燥，这种环境必须增加空气湿度，插穗才能生根成活。常见的方法有：

将扦插好的容器放置在光照明亮而不直晒或半阴场地，每日喷水或喷雾4～5次，保持基质及场地地面潮湿，15～20天后改为2～3次，原则上应使场地地面潮湿，30天后如有新叶发生，每天1次，如果叶芽尚未萌动，仍应保持2～3次，直至叶片发生改为1次，以后保持基质不过干。霜前移入室内光照较好处越冬，翌春出室后分栽。

建立扦插繁殖箱：繁殖箱可用角钢、圆钢、小木方或竹竿等作骨架，外罩塑料薄膜及竹帘、苇帘、遮荫网等遮荫，并留一面作活动门，或可掀开、闭合的活动口。箱底应高于地面，通常垫3～4层普通建筑用砖，将繁殖箱放在沙面上，以利雨季排水。也可垒矮砖墙，内铺建筑沙，将扦插好的容器放置于沙面上，每天早晚喷水1次，高温天气适当放风，20～30天即可生根。生根后将活动门或开口处打开放风，40～50天后将箱体升高，或除去塑料薄膜加大通风，使其适应箱外环境。霜前入室，翌春分栽。

如果前两种条件均不具备，只能将其覆盖塑料薄膜罩加遮荫养护，遮荫度应为70%～80%。每天早晨或傍晚掀开喷水，15～20天后傍晚掀开塑料薄膜罩，翌晨仍需罩好。生根后除去薄膜罩，仍需遮荫，每天喷水2～3次，10～15天后逐步减少喷水次数，早晚不再遮荫，中午仍需遮荫，待其完全适应环境后，除去遮荫物。为冬季节省场地，霜前入室，翌春分栽剪取插穗。其它养护参考榕树批量扦插繁殖方法。

(3) 阳台扦插繁殖

阳台环境空气干燥，昼夜温差小，光照、通风等均受限，扦插环境全部需人为创造。采集的插穗有两种情况：其一为在阳台或室内越冬的植株上，春季结合整形修剪剪取的插穗，这种插穗在不良环境中生长长达5～6个月，长势较弱，成活率较低；其二是在温室中的植株上剪取的或由南方运来的插穗，冬季生长条件好，插穗健壮，成活率高。

在准备扦插繁殖前，建立小扦插繁殖箱或沙盘或接水盘，将扦插好的容器放置在小扦插繁殖箱内、沙盘内或接水盘内，浇透水。置小扦插繁殖箱内，每日喷水1～2次，保持基质偏湿，置阳台光照明亮处，成活率不会太低。当新叶发生后，逐步掀除塑料薄膜，仍需早晚各喷水1次，50～60天后逐步减少喷水，成活率可达80%。

选用沙盘或接水盘时，建筑沙内水分宜呈饱和状态，接水盘内保持有水，将扦插好的带穗容器放置于盘内，并罩以上下开口的塑料薄膜罩，上部不封口，留有空气流通的余地，置阳台明亮而不直晒处，前期每天向罩内插穗喷雾早晚各两次，初夏季节扦插，40～50天即可生根，当新叶发生后撤除塑料薄膜罩，仍需坚持每天喷水1～2次。如有条件可行分栽，但通常原盆移入室内光照较好处越冬，翌春分栽。

另有一种方法较为简易：选用普通塑料薄膜袋，将口撑开、平放于平整的阳台面上或桌椅上，再将扦插好、带插穗的容器放入塑料薄膜袋的中心位置，再将塑料薄膜袋轻提起，袋的四周高于插穗，提袋时宜垂直同时用力，勿刮蹭插穗，以免将插穗带出基质外，而造成不应有的损失。装好后向袋内喷水，使袋底部有少量存水后置明亮处，每日早晚喷水，保持袋内有潮湿空气，上口有良好通风，成活率与其它方法无差别。

选择阳台朝向，除北侧阳台过于阴暗不易生根外，其它朝向阳台均可选用，但以南向阳台为最好。楼层越低，空气湿度越高；楼层越高，空气湿度越低，因此在扦插后的养护中，应适当调节喷水或浇水次数。剪取、修剪插穗，见批量扦插。

8. 什么是踵状插穗？为什么在同样环境、同样养护条件下，踵状插穗先生根？

答：踵状插穗，指将多年生或1～2年生已经半木质化枝条上产生的分枝选做插穗时，不用剪取或切取的方法，而用手直接掰取，或在分枝下1厘米左右剪断，而后用两手向外用力掰开，成为两个插穗，插穗伤口呈长卵状，其轮廓很像脚后跟（足跟）而得名踵状。因分枝处叶距近，体内贮存养分多，也是不定气生根易发生处，加之带有分枝以下形成层，伤口处组织破坏少，故而生根相对比普通插穗快。

9. 嫩枝扦插怎样修剪插穗？

答：嫩枝插穗指一个枝条切段时，最先端的未木质化段或一个枝条发生多个嫩枝的部位。在分段修剪时，最先端嫩枝一段基部需半木质化，剪下后将基部叶片剪除2～3片，并将先端过嫩部分剪除，依据叶节间长短留3～4片叶，叶节间近的多留，长的少留。伤口及时涂抹新烧制的草木灰或木炭粉，或化工商店、大型花卉市场购买的硫磺粉，防止伤流过多。1个枝条上有多个嫩枝发生在半木质化部位时，可选用单枝截断的方法，即将每个嫩枝基部连接的木质化枝条中间劈开，每个嫩枝均带有一段半木质化部分，扦插时半木质部分斜向或横向，嫩穗则需直立。嫩枝插穗多用于繁殖材料不足，或繁殖量不多的情况。嫩枝插穗成活后长势慢，需很长时间才能健壮生长，如准备的枝材丰富，这段多弃之不用。

10. 榕树大枝扦插怎样修剪插穗？怎样扦插？

答：大枝为成熟枝，扦插时应有一个造型设想，或直或横或斜，或弯或兼备或多变，是制作榕树盆景的造型基础，成活后给造型带来方便。切取时在设定的位置用细齿木锯先绕枝一圈将皮层断开，并深入木质层，然后由上面锯口处向下锯断，这样不会因枝条自身重力而造成劈裂，损伤皮层。另外一种方法，在设定切口下用斧头、砍刀等先行砍下，或用粗齿锯锯下后，再用细齿锯修整，再行修整上部枝条，尽可能留少量叶片。插穗的长短应依据实际需要而定，但不能过长，最好插穗全长不超过40厘米。脱离母体后的插穗，即切断了水分及养分的供应，只依靠自身贮存的水分、养分维持生命，插穗越长消耗越大，为保持体内水分、养分，在生根前满足其消耗，除按时供应外援水分外，应尽可能减小插穗体积，这应为重中之重。修整插穗时，宜及时将伤口涂蘸新烧制的草木灰、木炭粉或硫磺粉，减少伤流量，以保成活。修整好的插穗及时选用埋植方法，埋入备好的苗床、畦地或容器中，埋入基质中的深度不应小于10～15厘米，大穗、长穗多埋，短穗、小穗少埋。埋好后，床或畦四周设支架，覆盖塑料薄膜或建立弓子棚，高度不低于1.2米，四周封严，北侧留养护操作口，浇透水并向插穗浇水一遍，将养护操作口帘放下。坚持每天喷水2～3次，创造高温、高湿环境。当新芽发生后，掀开操作帘通风，减少喷水次数。当年不做整形修剪。冬季棚内越冬，棚内温度最好不低于8℃，相对空气湿度不低于70%。翌春加大通风量，逐步掀除塑料薄膜，经15～20天适应环境,即可上盆或铡根修剪养坯。

11. 什么叫纸筒扦插？怎样实施？

答：纸筒扦插具有简单易行、节省场地、易分栽、成活率高的优点。以纸筒为容器，装入基质后扦插，多用于繁殖量不大或业余花卉栽培爱好者。采条、修穗、平整场地，与批量生产基本相同，不同点在于插穗扦插于纸筒中。扦插前将旧报纸或废刊物裁成32开大小（约15厘米×21厘米），由横向卷成纸筒，中空直径3.5～4厘米，筒的一端折叠成筒底，另一端开口，装入湿后能稍有黏结的沙壤土或其它基质，放入1枚插穗，扶正蹴实，成行地放在备好场地或浅木箱、苗浅、苗盘等容器中。插好后置备好场地喷水养护，喷水水压不要太大。可覆盖也可不覆盖塑料薄膜，覆盖者每日喷水2次，不覆盖者喷水3～4次，很快即会生根。插穗生根后，为寻找生存环境，根系会突破纸筒障碍伸出纸筒外，因纸筒内基质有一定团粒黏度，通常不会散球，此时选择生根的插穗陆续上盆，成活率极高。

12. 以水为基质扦插榕树，怎样操作才能成活？

答：水插榕树类，常用于繁殖数量不多的情况下进行。最常见有3种形式，即容器方法、漂浮方法、网架支撑方法。

（1）容器水插法

容器选用瓶、罐、竹筒或其它能盛水的器皿，刷洗洁净后灌入普通清水，将修剪好的插穗基部放入水瓶等中，置半阴场地，水混浊时更换新水。有条件时，每日向插穗喷水1～2次，不喷水也能成活，但生根稍慢。待生根后即行分栽。由于生根环境是在水中，分栽后应保持栽培土壤偏湿，使其适应新的环境，15～20天后逐步减少浇水量，转入常规栽培。水插生根温度应在24～28℃，温度过低生根慢，过高则易受到伤害。

(2) 漂浮扦插

选用2～3厘米厚的吹塑板，按3～6厘米间距穿孔，孔径稍大于插穗直径，将修剪好的插穗穿入孔中，插穗基部在吹塑板下露出3～5厘米，将插好的塑料泡沫板放入水池、水缸等容器中，漂浮于水面。不论在温室内、露地或遮荫、直晒环境，只要在水温30℃以下，均可良好生根。因水池、水塘、水缸或水盆水的容积大，温度易调节，水面以上相对空气湿度大，对插穗不会产生大的伤害。待生根后，将吹塑板捞出，用手由孔中抽出插穗栽植，如根系过大不易抽出时，用两手掰开吹塑板，取出插穗栽植。栽植后置潮湿半阴场地，浇透水后，再每天向成活的插穗喷水3～4次，夜间不喷，15～20天后改为每日上下午各喷1次，并逐步减少遮光，加大通风，适应环境后，移至直晒处养护。

(3) 网架支撑扦插

在池、缸等水面较大的水面上设立金属网，网面距水面1～2厘米，四周设支撑支持网面。将修剪好的插穗置于网孔中，基部浸于水中，插穗浸入水中深度3～4厘米，遮荫50%左右。春夏间扦插月余生根，盛夏扦插20天左右生根。生根后及时取出插穗栽植。水为基质的扦插苗，多数根系细弱嫩脆，栽植时最好选用无肥沙壤土，或四周为栽培土，根系周围用无肥土，使根系暂时不接触肥料，最好的方法是将成活的插穗栽植于备好的纸筒中，而后将带苗的纸筒置于盆中心，四周填栽培土，为分栽后成活率最高的方法。纸筒不宜过高过大，通常不高于5厘米，直径2～3厘米为佳。栽植后置温室半阴场地，浇透水，并每日喷水1～2次，恢复生长后转入常规养护。

13. 榕树能利用空气扦插生根吗？

答：榕树易生不定气生根，且皮表层有明显不规则分布的气生根点，只要温度、湿度等条件允许，生根点即能生出新根。潮湿空气扦插，需备有保温、保湿设施，数量较多时，应建立棚中棚，即在温室内建立扦插繁殖棚。数量不多时，可建立小扦插繁殖箱、棚，或箱内建立单层或多层网架，多层网架上下网距最好不小于30厘米，以利采光及操作，网架需有立柱牢固支撑。地面需平整，并铺10～20厘米建筑沙、或岩沙、或木屑锯末等保水材料。建好后，将修剪好的插穗直立放置于网孔中，株行距以叶片互不相搭接为准，全部放置好后，喷水或喷雾，每日3～4次，喷后将操作帘封严。春夏间至盛夏，20～30天新根即可发生，待新根基部带有黄褐色时分栽，栽植方法同水插。

14. 榕树采用全光照扦插繁殖，怎样建立扦插床？

答：榕树在高温、潮湿、多雨环境中易发生不定根，应用全光照扦插，生根快、成活率高。

建立插床方法如下：

(1) 选择位置平整场地

选背风向阳、排水良好场地平整，场地大小应依据繁殖量多少而定，场地四周预留操作及运输通道。

(2) 埋设上下水管道及给排水井

建立苗床前，将地下上水管道及排水管道先行铺设，并设立过滤井、排水井及贮水池，以达到水的循环应用。

上水管道指由压力罐、水泵、水源泵处至喷头的管道部分，包括水表井、截门井、回水设施。管道埋设深度不应浅于70厘米，水表井、截门井深度不应浅于1.2米，以防冬季冻坏设施。通过室内的管道可依据实际情况而定。水表井、截门井，各地均有规范，按规范实施。喷雾头的距离因种类不同差别较大，依据喷出的雾相接为准，习惯上相距1米左右1个。

排水设施包括：排水管道、排水井、过滤井（池）、贮水井（池）几部分。排水管道可用砖石砌筑流水沟或用硬塑管、铸铁管、瓦管铺设，接口宜严密不漏水，管底或壁光滑，污物不易残留，坡度不小于5%，埋设深度不低于70厘米，通过室内部分可依据实际情况而定。由苗床排水通过管道设立的第一个井为过滤井或过滤池，起过滤沉淀污物的作用。通常井深1.5～1.8米，直径或长宽以1人蹲下能清理堆积物为准，砌筑的砖石应有实密的结合层，并用水泥沙浆抹面，以防渗漏。排水井（池）设在中间，使排出的水经过减压减速而流入贮水池，其位置应低于过滤井(池)，高差越大,过滤的水越洁净，井(池)内积存的沉积物越多。排水井实际上除检查、维修、流通外，尚有二次过滤或沉淀的功能。由于前两个井（池）均高于贮水池（井），贮水池放在不冻层下就可以了，贮水池（井）可建于温室地面以下或室外。如果为井，应为专用井；如果为池，可与雨季收集雨水池为一体。

(3) 循环水系统建立

循环水系统，指苗床喷淋用过的水渗入基质层后，通过管道、过滤井、排水井进入贮水池。经过滤、沉淀后贮存的水，可以再次循环利用。这种水需通过水泵加压、回输至喷头，这就需要在喷头进水口处增加2个开关，2个开关1个安装在水源管上，1个安装在水泵给水管上，应用水源水时，将水泵开关关闭，将水源开关打开；应用贮水池水时，将水源关闭，启动水泵电源，抽用贮水池的水。

(4) 砌筑苗床墙壁

在整理好的场地上再次平整，并做出3%～5%坡度，坡的最低处为排水口，排水口应设排水箅，可设在苗床壁内一角或壁外一角，然后放线砌筑。壁高30～40厘米，砌筑时选用干码不加结合层，墙壁厚24厘米或37厘米，即常说的二四墙或三七墙。床面积大小依需要而定，但也不能过长或过宽，过长、过宽可能会造成喷雾头因水阻加大，终端水压减弱，而造成喷雾不均匀，习惯上长4～6米，宽1.6～2米。

(5) 填充基质

在砌筑墙壁或称池壁时，在地面铺一层砖，用建筑沙填缝，砖面上铺3～5厘米细沙或沙壤土，沙土面在排水口下，不高于排水口。再铺一层塑料薄膜，薄膜的长宽每边比苗床的长宽多35～40厘米，即预留的上折部分。排水口处开口，并压好过滤箅子。为防止大量扦插基质流掉，排水口最好加1～2层塑料纱网。铺垫好后填入10～20厘米建筑用陶粒，陶粒上铺一层塑料纱网，同时将铺底的塑料薄膜边沿墙壁向上兜折，压在最上面一层砖下，使其牢固地贴在内墙壁上，再行填装扦插基质。基质除通透性好外，更应质轻，最好选用前边介绍的三合一种类。填至四周塑料薄膜压边处灌水压实，出现高低不平或下陷成坑时，应整理填平。

(6) 修剪插穗与扦插

操作与批量扦插相同。如果操作人员需进入插床操作，脚下宜垫一块木板，以免人的体重将插床中的基质压实下陷，造实基质密度增高、高低不平，给下一步工作带来不便。

(7) 喷雾

喷雾有人工控制及定时磁力开关控制两种方法。第一次喷雾多采用水源水喷雾，如果贮水池有贮藏的雨水，也可选用贮水喷雾。通常在白天每次喷雾20～40分钟，间歇20～30分钟后再喷。选用人工喷雾，第一次可延长至1小时，以后间歇20～40分钟再喷，以此反复直至太阳落山。晚间停喷，翌晨8时后继续喷洒，直至插穗生根。

另一种方法利用定时磁力开关，直至晚间拉闸停止供电，翌晨合闸自动喷雾或间歇。这种方法省工、省时，如果再加设光控开关，则无需人工管理，省工、省时、省劳力更多，效果更好。

全光照喷雾扦插，顾名思义，是在直晒不遮荫场地，且于自然气温不能低于24℃，故繁殖季节有所制限，北方地区多在夏季，南方暖地可适当延长。

15. 春节去南方旅游，在老朋友家剪取几根细叶榕、黄榕枝条，能否在北方明亮的楼房室内扦插繁殖？

答：榕树类反季节扦插繁殖，需人为制造一个生根条件，在确保温度、湿度条件下能良好生根。在南方老朋友家剪取枝条时，很可能没有草木灰、硫磺粉等防止伤流的物品，可用卷烟烟灰或烧一点纸灰代替，如卷烟灰等也没有，只好用卫生纸或当地泥土封住伤口。如果枝条不是过长，最好不作二次剪截。用纸张包裹后，装入敞口的塑料袋中，最好不要封严。运回后除去包裹物，向叶面、枝条等喷水或浸于水中。待枝叶吸透水分后取出，等叶片无明水时，再分段修剪插穗，扦插于备好的、装有基质的容器中，再将一个接水盘放入塑料袋中的中心位置，将扦插好的容器置于接水盘内浇透水。在供暖的散热片上放一块1～2厘米厚的木板或吹塑板。小花圃、温室内可利用供暖火道。再将装有插好插穗容器的塑料袋放在木板或吹塑板上，塑料袋封口时留一些缝隙，不要封得过严，保持袋内空气潮湿。盘内无水时及时补水。通常停止供暖前即已生根，停止供暖后将其移至光照充足场地，翌春自然气温不低于20℃时，解开塑料袋口，逐步加大通风，10～20天后除去塑料袋，置光照明亮或半阴场地，待其适应环境后即可脱盆分栽。

另一种方法可用套盆扦插。即选一较大无底孔盆，盆内灌入少量水，将扦插好的带插穗的花盆置于水盆中，覆盖玻璃或塑料薄膜保温、保湿，成活率会更高。套盆扦插相对占场地大，多用于小花圃，家庭条件较为少用。

16. 楼房阳台环境怎样实施单芽扦插？

答：除北向阳台外，其它朝向阳台均可进行。基质可应用细沙土或沙土，如有条件也可应用其它几种混合基质。基质应用前需经充分晾晒或高温消毒灭菌。容器需洁净，盆壁无杂物。垫底孔选用纱网。容器中装填好基质后浇透水。修剪插穗时，需由1～2年生、半木质化枝条上剪取，剪取枝条的剪刀必须锋利，按1个叶片1个潜伏芽1段剪下，随剪取随涂抹新烧制的草木灰或硫磺粉，尽可能减少伤流。剪取后即行扦插，扦插时不考虑茎的方向，很可能出现横向或不同角度的斜向，但叶片必须直立或稍有斜向。扦插深度应露出部分叶柄，不能将叶柄或叶片埋入基质中。插穗插好后，用细孔喷壶喷水，或将盆放入水盆中浸透，不选用浇水，烧水水柱较大，水压也大，掌握不好，会将插穗冲出基质外或冲倒。第一次喷水或浸水后，将其放置在接水盘内，置于阳台明亮或早晚能有直晒光处，覆盖玻璃保温、保湿，喷水或浸水保湿，如放置在护栏内，应适当遮荫。春夏间及夏季扦插，40天左右生根，由于插穗体积较小，发芽后生长缓慢，应留盆越冬。入室后逐步掀除玻璃，仍需保持基质潮湿，并置光照充足处，翌年春夏间脱盆分栽。

17. 什么叫埋条繁殖？与压条繁殖有什么不同？

答：埋条繁殖指将半木质化枝条剪下后，横埋于基质中，使其生根、发芽后，再行短截切段栽植。压条为压穗先不脱离母体，将其部分埋于基质中，通过养护管理生根后，切离母体；而埋条是将枝条先剪离母体，而后埋土生根发芽的繁殖方法。埋条繁殖具有省材料、省场地、养护较易的优点，但养护时间长，长势慢为其不足。

将选好的埋穗（枝条）剪除未木质化部分，水平横向埋于繁殖床或温室内畦地，也可盘绕于备好的容器中，使叶片及少量叶柄露出基质表层，叶片基本呈直立状态，枝条埋于地表下。枝条叶与叶间做环切与不做环切，其生根效果基本相同。覆土1～2厘米，条与条横向间距3～5厘米。浇透水，保持基质潮湿，并每天向叶片喷水1～2次。在塑料薄膜面温室内，不必遮荫或少量遮荫。当部分潜伏芽萌动出土3～5片叶时，畦床埋条苗可掘苗，容器埋条苗脱盆，按单芽（株）带根剪离，用栽培土栽植。剪或切离时有两种情况：一种为已经由芽生长成小植株；另一种为虽然生根，但芽仍为潜伏状态，仍未萌动，剪截时也应按1叶1芽剪截，同样栽植，不久潜伏芽即会萌动，长出小新株。

18. 榕树类怎样高枝压条繁殖？

答：榕树类高位枝压条后，生根时间的长短不尽相同，易生不定根或皮部有生根点或枝条较柔软的种类生根快；枝条硬脆、皮层干硬的种类生根慢。2～3年生枝条生根快；过老、过嫩的枝条生根慢。一些易生根的种类，皮层不做环剥也会很快生根，而不易生根或根本不易发生气生根的种类，则必须环剥才能生根。

压条时首先选定被压位置，最好为2～3年生或1年生已半木质化枝条，选定后做环切处理，切口宽2～5毫米，除去中间表皮，易发生不定根的种类可切、可不切。然后选一块长20～30厘米、宽30厘米左右的塑料薄膜，在切口下10厘米左右位置缠绕呈筒状，并用绳线捆紧，再将筒撑开，填入压条基质，基质可选用扦插繁殖基质中任何一种，也可用普通园土。填装至切口上8～10厘米，灌透水将上口捆扎紧实。如果基质等过重造成压穗下弯，应设支撑保护。筒内基质过干时，解开上口补充灌水。另外压穗过长或分枝过多，应适当修剪。生根后解开塑料薄膜筒，在生根处下将其剪离母体，另行栽植。另外包裹的塑料薄膜包也可应用裂开的竹筒或其它容器。

19. 在南方故居门前有几株大榕树。在3米高处有一竖枝产生一横生下垂枝，直径约8厘米，枝长约2米，并生有40～60厘米长不定气生根。能否在分枝下30厘米左右处做高枝压条，并将不定根一起包裹于一个塑料薄膜或裂开的竹筒内一同压条？

答：大枝高压，应先行修剪，按设想修剪成雏形，然后在选好的位置上环剥。在3米高的位置上操作困难较多，应在操作前做好安全保护措施。另外需将包裹筒适当加大，争取灌一次水即能生根。如果雨季压条，可将上口敞开不做捆扎，会生根更快更多。生在枝上的垂吊气生根，不能拢在压条的塑料薄膜包或裂开的竹筒中，如果同包或同筒压在一起，会造成不定气生根先伸展根系，而环剥切口以上的枝干很少或不发生新根，或推迟生根。包裹时只包环剥的切口，原悬垂的不定气生根不做处理，待包内茎干上发生新根切离母体后，一起栽植在容器中，这样才会同时发挥根的作用。

20. 垂叶榕怎样扦插繁殖才能提高成活率？

答：垂叶榕通常称垂枝榕，其插穗硬脆，皮层干燥，很少或不发生不定根。选用常规扦插成活率不够理想时，可增加喷水次数，保持扦插基质近饱和状态，或选用全光照喷雾扦插方法，于叶芽将要萌动时扦插，可提高成活率。另外可选用市场供应的植物生根剂，蘸涂后扦插，目前供应的品种繁多，激素含量不一，应严格按说明应用。机关单位或工厂、家庭庭院、阳台等应用量不大时，可选用水套盆扦插，均可提高成活率。

21. 用细叶榕或薯榕作砧木，金钱榕作接穗，用哪种嫁接方法好？

答：榕树嫁接多用于株冠造型，应用哪种方法嫁接并不重要，重要的是易于按设想造型。嫁接方法很多，且均易良好成活，其中最常用的方法为切接及劈接，这是因为嫁接多在较细的分枝上，很少用在主干上。嫁接多在春夏间进行。

(1) 劈接

削接穗：选取当年生枝条为接穗，长6～8厘米，将基部叶片连同叶柄剪除，留2～3个成型叶，再将留下的叶片剪去1/2左右。选光滑面，用利刀按30°左右由上向基部斜切一刀，然后在背面约呈45°再削一刀，两刀口呈斜楔形。削切时一刀切下，不能接刀或二次修整，切面平滑无毛刺，两侧皮层整齐无毛刺，无离骨。

削砧木：砧木多为整形后的分枝，距分枝点向上3～5厘米处，将分枝先端及基部叶片剪除，用利刀在中心位置纵向下切一刀，深度稍长于接穗楔形切口，切口要垂直平整。

结合：将修剪削好的插穗嵌入砧木削好的切口中，这时会有3种情况：其一砧木直径与接穗直径基本相同，嵌合时砧木与接穗两侧形成层应严密对好对准；其二砧木直径大于接穗直径，嵌合时一侧皮层纵向严密对准，上下成一条直线；其三砧木直径小于接穗直径，嵌合时一侧皮层纵向严密对准，上下成一条直线，接穗另一侧外露于砧木切口之外。

绑扎：用塑料胶条由接口上端绑起，向上绑至接穗，使接穗牢固固定后，转向向下至接口下2厘米左右处粘牢。

遮荫：嫁接完成后，移至温室半阴环境养护，待新叶发生后逐步增加光照。另外嫁接后应保持盆土湿润，按时追肥，喷水时喷于场地地面，增加小环境潮湿度，尽可能不要喷在接口上。

(2) 切接

切接多用于砧木直径较大、接穗直径较细的情况下。切砧木时，偏离中心在一侧竖向下切。其它操作与劈接相同。

22. 雨季去南方出差，在路上看到一棵榕树大枝被风雨刮落在路旁，随手折取了几枝直径约0.6～1厘米、长约1米的枝条，捆好后用塑料雨衣包裹带回北方。能否在简易温室中扦插成活？

答：这几枝折落枝在保持潮湿条件下带回北方，枝条不会产生失水现象，但包裹在雨衣内，很可能透气性差，加之旅途中温度较高，枝叶会产生一些有害气体。包裹得越严、旅途越长，枝条伤害越重；反之则越轻。故带回后及时将包裹物解除，散放在温室地面上并喷水保湿。准备好扦插畦地或容器基质，按常规修剪插穗后进行扦插。如果从包裹至解除时间不长于20小时，对成活率不会产生大的影响，时间过长，成活率降低。

23. 榕树类怎样常规压条繁殖？

答：榕树类多数扦插繁殖易生根，很少选用常规压条。如欲压条繁殖，可准备好装好基质的小容器，将压穗弯压在小容器中，弯曲顶点确定后，将附近叶片剪除，下方用利刀横切一刀，再将其弯回原处，覆土压实弯曲处，使压穗露出部分直立。弯曲中如有木质部折裂，也不会影响成活，如果不切口也能生根，但生根慢。压好后浇透水，保持基质偏湿，月余即可生根。恢复生长后剪离母体，即成为一个新生的小苗。

24. 什么叫横埋压条？有什么优缺点？

答：横埋压条指将压穗直伸或盘弯平埋于基质中，只露出叶片的方法。操作时，先将选好埋条的容器栽培母株移至繁殖场地，在畦床或装填好基质的容器中将压穗定点。然后取出，在压穗的下面每个叶间用利刀横切一刀，半木质化部分全部要横切，嫩枝部分不切。切后将其埋入基质中压实，露出叶片并使叶片直立，浇透水后保持基质偏湿。待部分小苗出土，生长至3～4片叶时，将压穗剪离母体掘苗或脱盆，按单株或仍未发芽的单芽带根切离开后另行栽植。

摆放应分开两类，一类为已经发生新枝的小苗；另一类为潜伏芽尚未萌动或将要萌动的单叶单芽苗。摆放宜整齐、成行、成线、成方，便于养护管理。另外最先端嫩枝一段，其根发生在半木质化枝条末端部位，应带根切离栽植，独立放置。小苗栽植后浇透水，保持栽培土湿润或稍偏湿，适当遮荫，恢复生长，新叶展开后，逐步加大通风，加强光照，减少遮荫，使其适应自然环境后转入常规栽培。尚未发芽的单叶部分，脱离母体栽植后，绝大部分潜伏很快萌动出土，开始生长，应随时挑出另行摆放，最迟的单叶单芽会推迟到翌年夏季萌动出土。发芽特点为：木质化越强、潜伏芽越壮的部位先发芽，较弱部位发芽较迟。横埋压条多用于繁殖材料不足或作观察试验，节省繁殖材料，简便易行，成活率高，相对省工、省时、省场地，特别对新品种或芽变种，加大繁殖量有一定保证，为其优点。但长势慢，占场地时间长，相对繁殖量小而慢为其不足。

25. 橡皮树种类很多，扦插方法相同吗？

答：在北方容器栽培橡皮树较为常见，其树干挺拔，树冠开张，叶片硕大，光泽明亮，应用较广，深受人们喜爱。橡皮树虽然种类繁多，但其习性除温度外，其它基本相同，差别不大。扦插繁殖成活率也无大的区别。

橡皮树扦插繁殖多于春夏间结合整形修剪进行，将修剪下来的枝条作为繁殖材料。整形修剪前应准备好新烧制的草木灰或木炭粉或化工商店、大型花卉市场供应的硫磺粉。准备好繁殖畦床或容器及基质，最常用的基质为细沙土或建筑沙，这两种基质易寻觅且经济。应用其它基质效果相同。准备好后即行整形修剪，伤口及时涂抹草木灰等，防止伤流过多，影响成活。枝条剪离母体后，无论带叶或不带叶，均按15～25厘米长剪段，伤口仍需涂蘸新烧制的草木灰等。基部无叶段堆放在一起；带叶段将基部叶片剪除，先端留1～2片叶并将叶片捆拢在一起，尽可能使其直立呈筒状。最先端一段不能带半木质化部位，应选择带有木质成分处剪切，习惯上需带有3片成熟叶，过嫩不易生根。

扦插操作时，基质中先浇一次水，待水渗下后，用直径稍大于插穗直径的木棍、竹棍或金属棒在基质上扎孔，孔深也应大于插穗插入深度，将插穗置入孔中，四周压实，切勿将插穗直接压入基质中，以免造成插穗皮层摩擦刮伤，使有害菌类由伤口进入插穗造成腐烂。扦插株行距以互不搭接为准。扦插完成后再次浇水，如发现倒伏及时扶正。另外插穗应按分类，分块或分盆扦插。已经脱叶的3～4年生枝条扦插后，按常规养护，生根发芽率并不低于带叶插穗。生根温度25℃左右为宜。

26. 小叶橡皮树怎样繁殖最好？

答：小叶橡皮树易发生不定气生根，炎热雨季，室外栽培苗在半木质化分枝处及枝条上常有较多的不定气生根发生，将其带根剪离母体，及时涂蘸新烧制的草木灰或硫磺粉，这是重要环节，因剪口多数距不定气生根较近，一旦伤流过多，皮层失液，即会产生干瘪，使根失去作用而死亡，阻断切下枝条的水分供应，造成缓苗极为缓慢甚至枯死。涂蘸后及时用细沙土、建筑沙或其它扦插基质按每盆1株栽植。置潮湿半阴场地，浇透水保持盆土湿润，15～20天即可恢复生长。恢复生长后，逐步减少浇水或喷水量，并逐步移至光照较好场地。第一片新叶展开后，适量追稀薄肥水。霜前入室，室内栽培苗原地栽培。翌年春夏间脱盆换土。小叶橡皮树株型矮小，叶节较近，故选用带不定气生根剪断枝条直接栽植，为较好的繁殖方法。

27. 用浅木箱及瓦盆扦插的单芽插穗，扦插繁殖2年均未成功，无一生根发芽，全部枯死，原因何在？

答：不能成活的原因很多，诸如基质不洁，干湿不均、光照过暗或过强、季节不当、插穗伤流过多、土温过低、空气湿度不足等，均会造成不能良好生根而枯死。单芽扦插为1芽1叶带一段茎干为插穗的方法，叶柄下带的枝干越长，皮层展开面积越大，生根机会及生根量越多，成活率越高；越短、皮层展开面积越小，生根机会及生根量越少，成活率会随之减少。由于单芽插穗相对较小，要求湿度、温度、水分、光照等条件较严格，各方面养护比常规扦插要细致，才能成活。

(1) 扦插基质

最好应用建筑沙或细沙土，这种基质通透性好、升温快，既能良好排水又能保湿以及空气流通，但也有可能吸附或携带有害菌类及害虫虫卵，或有害矿物质，故应用前应充分晾晒，或冲洗后晾晒，使其充分干透。如有条件高温消毒灭菌则更好。有过化学污染或有肥史的基质不能应用。

(2) 容器

用于扦插的容器，应用前必须用清水清洗洁净，污渍必须清除。清洗后晾晒干燥后应用。

(3) 插穗

剪取插穗时尽可能叶柄向下长一些，增加皮层生根面积。

(4) 扦插

一定要先用木棍等在基质上扎孔，将插穗置于孔中，四周压实，减少对皮层的损伤。

(5) 叶片处理

将叶片向内卷成单筒，切勿重叠，并用绳索捆绑。如不易直立，可加支杆捆绑。

(6) 浇水喷水

扦插前浇1次水，扦插后浇1次水，以后每天向插穗喷水2～3次，空气湿度不低于80%，直至新叶发生。

(7) 遮荫与覆盖

扦插完成后，置覆盖塑料薄膜小棚中保温、保湿，遮荫50%～60%。新叶发生后，早晚掀开遮荫物，中午再行覆盖，逐步掀除遮荫物。新叶成型后，移出小棚，使其适应室外环境，后转为常规养护。

(8) 扦插季节

春夏间或夏季自然气温或室温白天不低于25℃，夜间不低于20℃。

28. 单芽扦插，茎干部分应直立还是横向放置？影响成活吗？

答：插穗剪下后，皮层展开面积已经决定，皮层面积越大，叶片越大，体内贮存的水分、养分越多，自身消耗的水分、养分也最多。但叶片面积越大，光合面积也大；皮层面积越小，叶片总面积越小，消耗越少，光合作用面积也随之减少。脱离母体后，在合理范围内，总面积越大，生根机会越多，生根也快，反之则慢。当然这与原枝条上下位置有关，下部多数在皮层处已经形成不定根，生根点较多，越向上越少，下部切段生根快，越往上的截段生根越慢。上述情况为决定成活率高低的主要因素，与茎干直立、横向、斜向无关。但扦插时要求叶片直立，茎干随叶柄角度变化而变化，不考虑茎干方向。

29. 在北方选用扦插繁殖无花果，什么样枝条作插穗较好？怎样扦插？

答：无花果为小乔木或灌木状，扦插繁殖为主要繁殖方法之一。扦插基质可选用前面介绍的任何一种，但多选用细沙土、建筑沙、岩沙或沙壤土，无论选用何种基质，均需充分晾晒或高温消毒灭菌，扦插场地需光照充足。小苗需求量较大时，通常选用平畦、苗床等设施扦插；数量不大时，选用容器扦插。插穗选用1～2年生木质化或半木质化枝条，枝条过老或过嫩均不易生根。于春季，新芽萌动前至刚刚萌动时，剪取枝条后，将枝条剪成15～20厘米小段。如有伤流，应使用新烧制的草木灰等涂蘸伤口。剪截后按插穗长短、直径粗细分类，长的堆放在一起，短的另行堆放，直径粗的放在一起，细的另行堆放。最先端嫩尖一段，基部需带有一段半木质化部分。

畦床或容器浇透水，水渗下后用木棍等工具在基质上扎孔，孔的直径应大于插穗直径，将插穗置于孔中，同时查看芽是否朝上，切勿插倒，因此时无叶，只能识别芽的朝向。扦插完成后，四周压实刮平，再次浇透水，保持基质湿润不积水、不过干。温度保持18℃以上，20～30天即可生根发芽。小叶展开后即可分栽。

30. 秋季入房时，发现盆栽无花果有几棵10～30厘米高度不等的蘖生苗，何时掘苗分株最好？怎样掘取栽植？

答：无花果分株繁殖，多在秋季落叶后或春季萌芽前结合脱盆换土进行。母树脱盆后，除去宿土，分蘖部分呈裸根状态，带根将其剪离母体，用栽培土壤栽植于另一个容器中，或栽植于整理好的畦地，浇透水以后，即可按常规养护。

另一种方法，在同一季节，用花铲在距小苗10厘米左右位置掘苗，带土球或裸根取出，另行栽植，成活率均不会很低。如果生长期掘苗分栽，应带土球，并剪除部分叶片，栽植浇透水后，保持盆土湿润不过干，并需置半阴环境。缓苗恢复生长后，逐步移至直晒下转入常规养护。

31. 榕树、橡皮树、薜荔等，于夏季或春夏间怎样在小弓子棚（滚笼）中扦插繁殖?

答：小弓子棚为一种保温、保湿的设施，用圆钢管、硬塑料管或竹竿劈弯成弓背形，弯作骨架，覆盖一层塑料薄膜，再覆一层遮荫物，遮荫物可应用荻帘、苇帘或遮荫网。又因顶部为半圆形，通常一畦一个，高度1.2～1.6米，相对矮小，所以称为小弓子棚。

桑科榕属树木多产于温热地带，除无花果外，均为容器扦插，秋冬之际移入温室养护。冬季覆盖防寒棉被或蒲席等，平畦扦插可原地越冬，但很少有人选用。

扦插前先搭建小弓子棚骨架，然后选择容器扦插，放置于小弓子棚内，浇透水，并将棚内地面喷湿，然后覆盖塑料薄膜及遮荫物。覆盖塑料薄膜时，纵向两端留可掀起的活动门帘，以便浇水或喷水时掀起。如果棚过长，中间应留可掀起的余地，每天坚持喷水1～2次，盆中基质过干应补充浇水。小弓子棚因保温、保湿性能好，有温度高、升温快、早生根、早发芽、防风雨、虫害少，既经济又简便易行的优点，深受广大栽培、繁殖者欢迎。

32. 薜荔怎样繁殖?

答：薜荔是依靠不定气生根攀援的常绿藤本植物，在温暖、潮湿环境中，常攀援于树皮、岩石或墙壁上。在干旱地区常呈蔓生状态，不定气生根少或其本不能发生。

(1) 截段栽植

将带不定气生根及叶片的枝条剪下后，按15～20厘米长剪截成小段，用繁殖基质直接栽植于口径10厘米左右小盆中，或8×10～8×12（厘米）左右的小营养钵中，每盆或钵栽植1株。栽植前将基部叶片摘除，栽植完成后浇透水，置温室中荫棚下或小弓子棚中，遮荫50%～70%，每天喷水1～2次。夏季在自然气温下，15～20天不定根变化为正常根，随之新芽发生，转为常规养护。

(2) 扦插

干燥环境或容器栽培，不定气生根常不能发生或很少发生，即便发生也不能伸长，且枝条细弱。可将枝条剪下，按10～15厘米切枝，按常规扦插养护，生根发芽不难。

(3) 压条

多用于无条件发生不定气生根环境的容器栽培植株。将母株移至繁殖场地，使压穗平铺于繁殖畦床，或装好繁殖基质的小营养钵、小盆中，定好被压点，定点后用利刀在压穗下面横切一刀，稍深入木质部分。再将基质掘穴，穴深8～10厘米，过浅，压穗易脱出基质外；过深，升温慢、生根也慢，且生根后掘苗移栽也多有不便。将压穗用手弯至穴底，填入基质压实，使压穗露出部分直立，浇透水保持基质湿润。待新叶发生并展开后，剪离母体。畦床压穗养护10～20天即可掘苗上盆，盆压穗应移至栽培场地，转入常规养护。

33. 黄葛树在北方温室内怎样扦插繁殖？

答：黄葛树又称黄榕，因树皮黄褐色至褐黄色而得名，为桑科榕属中落叶树种之一。通常不发生气生根，其气生根发生没有固定位置，在温度、湿度适合时，皮层下任何一点均能发生新根，不一定在愈伤组织上，但愈伤组织发生后，会在组织上生出大量根系，因此插穗有先生根、后愈伤的特点。

剪取插穗前，宜先准备好畦床或扦插容器，扦插基质通常选用经充分晾晒过的细沙土、建筑沙或沙壤土。据试验，在建筑沙中生根快，在沙壤土中稍慢些，但生根后长势无大的区别。于春季新芽萌动前，剪取1～2年生木质化或半木质化枝条，按15～20厘米长剪切成段，为成活后容器栽培易于造型，也可缩短到10厘米左右，伤口及时涂蘸新烧制的草木灰或市场供应的硫磺粉，然后按常规扦插，扦插深度为插穗长度的1/3～1/2，插好后置温室或小弓子棚中，遮荫50%～70%。实践中，在塑料薄膜温室中，不遮荫成活率也不低。浇透水后保持土壤潮湿，在室温24～26℃条件下15～20天即可生根。待1～2片新叶成形时，即可分栽。选用纸筒或营养方扦插，生根更快。小营养钵单穗扦插，有延长换盆时间的优点。分栽选用栽培土。

34. 榕树、橡皮树能否进行叶插繁殖？

答：榕树类、橡皮树类均属常绿树种。叶插指不带芽或生长点的一片单叶，带叶柄或不带叶柄扦插的方法。曾多次做带叶柄扦插橡皮树，生根率可达80%以上，而榕树更高。畦床扦插叶生根后，根长可达50厘米，容器扦插也有15厘米以上，新根发生在愈伤组织上。橡皮树类一片叶能活270～400天，但无一发芽成为新的植株，也不见生长，最后黄枯而死亡。细叶榕有极少量发生新芽，绝大多数能活，两年后黄枯死亡。在实践中我们发现一个有趣的现象，凡是生根后能发芽的榕树叶片，大多为用手掰下来的，而剪切下来的叶片不能发芽，而橡皮树用手掰的叶片作插穗也无一发芽。但这些生根的叶片也不能算完全的废弃物，可用其多片组合成荷花造型，或组合成小盆或微型盆栽，也能有很长一段观赏时间。

35. 桑科榕属树木能否播种繁殖？

答：种子植物只要授粉良好，种子饱满，均可播种出苗。桑科榕属树木的果实（花托）虽然有大有小，但种子均很细小。播种繁殖应在果实充分成熟后采收，用清水洗净种子，除去杂物，选用通透好的播种容器，如果室温不低于20℃可即行播种，如果室温达不到发芽条件，可干藏，翌春播种。播种苗长势缓慢，养护繁杂，费工费时，占场地时间长，故很少应用。

(1) 采种

果实成熟多在秋冬之际，无花果则在夏季。当果实变黑，果皮变得松软或皱缩时采收。采收后除去杂物，用清水洗净种子，放置在通风良好的荫凉场地，待其干燥后即播或干藏。

(2) 播种容器选择与处理

播种容器最好选用通透性好的苗浅、瓦盆或浅木箱。应用前应刷洗洁净并置阳光下晒干，应用旧盆应将堆积在盆壁上的污垢清除。

(3) 播种土壤

播种土壤需升温快、通透好，能良好排水又能保湿。通常选用沙壤土或细沙土60%～70%，腐殖土或蛭石或细腐叶土30%～40%，经充分晒干后应用。也可用单一的沙壤土。

(4) 播种

播种容器垫好底孔后，装填播种土，留1～2厘米水口浇透水，如有条件，用压力较小的喷头喷透水则更好。水渗下后，将下陷不平的地方使用播种土填平，而后均匀撒播种子，不覆土，覆盖玻璃或塑料薄膜保湿，放置在温室中前口，塑料薄膜温室可不遮荫。盆土需要补充水分时，选用浸水或喷雾方法，切勿直浇或喷淋，以防将种子或刚刚发芽的小苗冲向一侧，致使疏密不均。24～25℃发芽最快。小苗大部分出土后，将玻璃一侧掀开放风，7～10天后掀除覆盖物，充分通风受光。3～4片叶时分栽。

(5) 分栽

为降低成本，可用8×10或10×10（厘米）小营养钵为容器，将脱盆苗裸根选用栽培土栽植。榕树类、橡皮树类，苗期多数能抗水湿，垫底孔可选用塑料编织物，既能保湿又能防止新根由孔隙伸出钵外，目前分栽时多数不垫底孔，致使新根伸出底孔，扎入摆放地面以下，这样会给换钵或换土带来很多不便，即使换钵时能拔出地表，但多数会造成大量伤根，并一段时间停止生根。分栽后按高矮分类，南低北高，按方整齐摆放，喷透水。养护一段时间后，如发现有生长速度特别快的小苗，应移动营养钵，检查新根是否由底孔伸出孔外，并应立即脱钵将根系放回钵内，重新栽植。

36. 北方温室中怎样扦插繁殖菩提树？

答：菩提树及其它未提到的桑科榕属树木，扦插繁殖与榕树、橡皮树等基本相同，可参照进行。

四、栽培篇

1. 春季由南方选购来1～3米高的脱盆带土球细叶榕苗，栽植于花盆中后每日按时浇水、喷水，还是产生少量落叶，是什么原因？怎样才能不产生这种现象？

答：产生落叶的原因很多，主要有装车前土球过干、遇雨叶片未干、运输时间过长、通风不良及土球破散，运到后未及时卸车、卸下后未及时供水以及未能及时栽植等，均会或多或少地产生落叶。运输前1～2天应浇一次透水，使土球含水量适中，脱盆后及时包裹，减少水分蒸发并及时装运。遇雨后，应于叶片明水全部蒸发后再装车，以防装入通风不良的厢式车中，叶片密度大，相互挤压，加之长途运输，阳光直晒车体，车内温度急速升高，使植株产生有害气体而沤伤，应在中途休息时打开车门通风降温。运到后及时打开车门放风，并及时卸车，置栽培场地向土球及叶片喷水。如数量较多，短时间不能全部上盆，应假植浇透水，如果土球土壤密度较高而黏硬，应围堰浸水，并安排人力及时上盆，置光照、通风良好处，保持盆土偏湿，空气湿度偏高，即能减少或不产生落叶。

2. 扦插成活的榕树苗一直在温室中栽培，今年初夏换盆后移至直晒场地栽培，发现部分叶片灼伤是什么原因？

答：这种现象应为骤然改变光照环境所致。温室中的光照要通过温室玻璃面层及遮荫物后才能照射在植株叶片上，小苗长时间生长在这种环境中，叶片薄嫩，对这种环境已经非常适应，换盆后放置在阳光下直晒，叶片上的光照强度骤然改变，叶片内水分急速蒸发又得不到及时补充，另外在室内生长的叶片皮层较薄，对室外环境不能适应，因此产生灼伤。应在自然气温稳定在12℃左右时，光照还不是很强时移出温室，很有可能会暂时停止生长，但不会产生日灼，随日照强度逐步增强，自然温度逐步增高，很快会恢复生长。另外换盆后放置在原场地，逐步掀除遮荫物，加大通风量，使其适应强光环境后，再移至直晒下即不会产生日灼现象了。

3. 栽培榕树、橡皮树、菩提树等，选用什么材质容器较好？

答：榕树、橡皮树、菩提树习性基本相似，喜湿润、耐涝，对栽培容器材质要求不严，在瓷盆、塑料盆、石盆、水磨石水泥盆、釉盆等高密度材质盆及红泥盆、陶盆、紫砂盆、釉陶盆等中等通透材质盆中均能生长，在瓦盆、白砂盆、木盆中生长更好。栽培中，只要炎热夏季高温不过多，或不长时间积水，植株即不会受伤害。冬季应视室温及光照强度而定，温度高、光照强，保持湿润；温度低、光照弱应保持较干。

4. 榕树、橡皮树、菩提树能否在无加温设施的阳光温室内越冬？

答：能否越冬取决于阳光温室内的温度，并不是所有阳光温室均能越冬。榕树较耐低温，通常短时低于6℃，不会受到大的伤害，长时间低于6℃很可能受寒害。长叶橡皮树也能耐短时8℃低温；圆叶橡皮树类，低于8℃，叶片即会产生离层而脱落，而且老叶耐寒力更差；黑金刚越冬室温不应低于10℃，10℃以下即产生寒害。故橡皮树类越冬室温应在12℃左右较为理想。橡皮树类在夜间15℃以上，白天25℃以上，树液流动加快，新芽即会萌动，因此白天室温高于25℃时，即应开窗通风，晚间关闭。我国幅员广大，南北气温差距很大，各地应依据当地情况而决定是否增设加温设施。

5. 榕树苗期如何栽培？

答：苗期指繁殖成活后，后期的栽培养护。北方地区夏季室外栽培，入秋入室，春季出房。需要做的工作包括平整栽培场地、配制栽植土壤、选择容器、上盆栽植、追肥、摆放、浇水、雏形修剪等养护管理。

(1) 平整场地

春季选通风良好而背风向阳或树荫下排水良好场地，将场地内杂物清理出场外垫平，并做出3%～5%坡度，同时将排水设施清理畅通。规划出栽培养护车行、人走通道，分方分块，并预留堆放容器、土壤及上盆换土操作场地。

(2) 栽培容器选择与准备

批量生产，为减少成本可选用营养钵，规格应与株型大小匹配，小苗多选用10×8～10×10（厘米）小营养钵；株高30～40厘米植株，用12×13～16×16（厘米）营养钵；高40厘米以上植株依据实际情况选用口径18厘米以上营养钵。如果有旧花盆，也可清洗洁净后继续应用，没必要舍近求远增加成本。

(3) 栽培土壤准备与配制

土壤可选用普通疏松肥沃的园土70%～80%，加腐熟厩肥20%～30%。园土为沙壤时，应适量增加腐熟禽类粪肥或腐熟饼肥。普通园土应用腐熟禽类粪肥、腐熟饼肥或膨化粪肥时应为15%左右。应用细沙土30%、园土50%、腐叶土或腐殖土20%，另加腐熟厩肥15%～18%，或腐熟禽类粪肥、腐熟饼肥、膨化粪肥时应大于8%。应用的肥土充分晾晒，翻拌均匀后应用。过于贫瘠的沙土类及过于黏硬的高密度土壤，应适量增加腐叶土或腐殖土。高密度黏土应充分粉碎后加入腐叶土或腐殖土翻拌，否则不易均匀。高密度黏土也可多加入牛马羊粪改良，也可应用腐朽锯末，粉碎的木屑、树皮，腐熟的禾秆、玉米骨、麦壳、稻壳、米糠等有机物改良。应用的土壤肥料尽可能就地取材，勿舍近求远。

(4) 上盆栽植

容器繁殖苗脱盆或脱钵分栽时，一手握盆钵或握苗，一手托盆壁将其盆口向下斜置在地表，斜向磕动，或将盆横握，一手轻敲盆壁，即能轻便地取出土球。然后按单株带部分宿土或裸根分离。将小营养钵底孔用塑料编织布或塑料纱网垫好，填装1～2厘米栽培土，然后一手握苗，一手用苗铲填土，随填随压实，随扶正，直至留水口。操作时，压实土壤是关键，因营养钵壁薄而软，常出现底空上实，故开始填土即需压实。栽植后检查小苗是否在钵或盆中心，小苗是否直立，如有不在中心或苗不正，应及时脱出重栽或更正。

营养钵繁殖苗一手握苗或托土表，另一手由底部盆壁挤压，即可脱出分栽。苗浅、浅木箱繁殖苗以及畦床繁殖苗应由一侧掘苗分栽，切忌东挖一棵西掘一棵，造成本身及邻近苗伤根太多。压条苗剪离母体后掘苗，掘苗后剪成单株上盆，有特殊要求时可连株上盆。应用小营养钵栽植，目前习惯上为省工省事，常不垫底孔，不垫底孔缺点多，优点少，小苗栽植后根系很快增多伸长，很容易由底孔钻出扎入地下，这是因为栽培场地地表比盆面或钵面湿度大、水分易调节、保湿度好的原因。根系扎入地下后长势加快，迅速产生分根，钵或盆内新根不再发生，此时不及时移动花盆，待入房时，只能将根由盆外剪断，入房后温度逐步降低，很容易造成停止生长或脱叶甚至死苗，故不要一时图省事而留下后患。

(5) 场地摆放

摆放前先行按植株高矮、强弱、容器规格的大小分类，然后在场地用量绳或小线定点放线，按高低、强弱或容器大小分类摆放，宜成方成块，北高南低，横成行竖成线摆放。株行距以分枝各不相搭为准。入室后也应如此摆放。

(6) 浇水或喷水

摆放整齐后即行浇透水，同时向叶片及场地四周喷淋至湿。光照不强时，可随时喷水，中午强光时间段不能喷水于叶片，以免叶片因滞留的水珠聚光迅速升温造成穿孔。浇水时，瓦盆多浇，营养钵少浇；干燥、炎热、干风天气多浇；阴雨天气少浇或不浇，以保持盆土湿润为度。雨后及时排水。浇水后应回头看水有无漏浇现象，发现漏浇及时补浇。如有积水，应查找原因及时排除。入室后，依据室温情况，室温高多浇，室温低少浇，但以土表不见干不浇为原则。

(7) 追肥

容器栽培苗，土壤容积有限，不可能长时间供应植株所需的养分，所以要按时追肥。上盆恢复生长60～70天后，为加快生长速度及促使长势健壮，每月余追腐熟液肥1次。应用无机肥时，以磷钾肥为主，少施氮肥，以增强茎干、叶片挺拔力及抗病能力。对水浓度应不超过3%。有机肥虽然肥效来得慢，但肥效长且营养全面；无机肥肥效短，易挥发，易流失，且肥效单一，土表易板结。入室后停肥。

有机肥沤制时很可能产生异味，可适量加入EM菌，EM菌为活性物质，含糖量高，促使肥料加快酶化，易于根系吸收。如果市场难买到，可到附近禽类养殖场求助母液，自行对制。也可先将干肥加少量水使其呈潮湿状态，密封堆沤腐熟后，装入容器对水，可减少异味发生。

(8) 脱盆换土

随植株株冠的不断增大，茎干增粗，根系增多伸长，消耗的水分、养分不断增多，盆或钵中有限的水分、养分供不应求，土壤逐步呈贫瘠状态，加之容器过小，产生不稳定感，遇风雨则易倒伏，故需脱盆换土。

换土多在春季出房后，依据长势情况其它季节也可进行，通常每年换土一次，操作方法同苗期上盆，不同点为：脱盆后应除去部分宿土，即将脱盆的土球外围宿土除去，使外围根系露出，通常1～5年生苗不会产生朽根，根系不必修剪。栽植时，垫好盆孔后填2～3厘米栽培土，刮平后加入一层基肥或沿盆壁四周加腐熟肥，厚度通常为2～3厘米，但也应视植株大小与容器高度情况而定，株型大、容器高应适量增加；株型小、容器矮应减少加肥量。加好后再填栽培土3～5厘米，也应依据容器高度及土球高度而定，刮平压实后，将植株放置在盆中继续填栽培土，随填随压实至留水口处。

(9) 冬季养护

霜前或自然气温夜间低于8℃前移入温室光照充足场地并整齐摆放，昼夜开窗通风，此时白天温度尚高，加之环境改变，光照不足，通风不良会产生落叶，故通风、光照应为关键的关键。盆土土表不干不浇水。随自然气温的降低，逐步改为白天开窗通风夜间关闭。当自然气温降至0℃以下时，温室顶面晚间应加盖防寒被或蒲席，白天掀开充分接受阳光。白天室温高于25℃开窗通风，夜间低于8℃时加温。翌春自然气温升高后，加大通风量，使其适应自然环境，夜间自然气温稳定在8～12℃以上时出室，转为室外栽培。

(10) 雏形修剪

细叶榕、垂榕扦插或压条苗，栽培1～3年即能产生较多分枝。依据分枝发生的位置及树形长势，按设想将枝条去留、锯截、修剪、扭弯蟠虬。1～2年生或偶有3年生苗即能作为微型、小型盆栽或盆景；3～5年生苗即可成为中型盆栽或盆景；多年生或下山桩可做大型盆栽或盆景。没有季节限制，应随时弯扭、随时修剪。修剪、弯扭造型将在后边专门阐述。

6. 退休老师傅留下的扦插榕树苗，几株均用釉盆栽植。想修剪成三角形、桧柏形及高干半球形等造型，应怎样栽培修剪？

答：三角形、桧柏形、高干半球形等比较简单的造型，通常称剪子活，即不做盘扎或简单拴拉、修剪的方法。造型植株需逐年逐月随时修剪，否则会杂乱不堪。

(1) 三角形

实际是一个下宽上尖的圆锥体造型。选2～3年生分枝较多植株，将下部枝条用绳索在枝中部或顶部位置拴牢，然后下拉，另一端拴在下面主干或盆中斜向插入土壤的木棍上，也可在盆外壁绑一个金属线圈，拴在线圈上，使枝条变为稍下垂的横枝。用同样方法将上部枝条逐层横拉。全部分枝拉好后，露出主干，最后按圆锥体形状由下向上、下长上短修剪枝条，并将生长势最强的主干先端短截。分枝发生后，留3～4片叶摘心或修剪，依次随生长随修剪。枝叶密集后仍需随时修剪，即能成为圆锥体的三角造型。

(2) 桧柏形

实际是长卵圆锥体形，下圆、中大、向上渐尖。修剪时不做牵拉，按自然生长枝，斜向由下向上短截，最下部留枝最短，向上渐长，修剪至株高的1/5～1/4处为最膨大部位，平行修剪，这一部分约占株高1/5左右。向上逐步改为短截，形成圆锥状，修至先端。主干最强部位也行短截。分枝发生后，留3～4片叶摘心或修剪，依次随生长随修剪。如果栽培适当，分枝越来越多，为扩大冠幅，在修剪时留4～6片叶，逐年逐月，越长越壮观。

(3)高干半球形

为下端露出茎干，先端呈半球形或圆球形造型的方法。这种造型在选苗时需用多年生苗，茎干直径不小于4厘米、0.8～1.8米处分枝较多的植株。如果小型或特大型造型，尺度不在此限。确定高度后，将上部茎干锯或剪除，再由下向上，将茎上分枝由基部剪除，只留最先端锯或剪口下3～5个分枝，分枝再留3～5个叶片短截，新枝发生后留3～4片叶摘心或修剪，依次随生长随修剪，同时应将露出茎干部位发生的新芽剪除，依次修剪2～3年即可成型。

按常规方法栽培养护，每3～4年脱盆换土 1 次。

7. 榕树自繁苗怎样做悬崖式修剪？

答：自繁榕树苗栽培2～3年后，茎干基部直径1～3厘米，即可弯扭、盘扎与修剪。先将选好的盆栽苗放在桌案、架或其它高台上，在准备下弯枝条的上方一侧盆土中，插入一根直径4～6毫米的铁线，铁线的长度为容器高度加茎干准备下弯的长度稍长一些。插好后，用细金属丝，最好是易缠绕的铝丝或藤皮、棕绳、麻绳、塑料绳等，由基部向上将茎干与铁线捆绑在一起直至最先端，绕紧后将细金属丝或其它绳索剪断。然后在准备下弯的部位缠绕1～2层白布带或旧布条，缠好后，一手握准备做弯的枝条基部，另一手柔和地用力下弯，下弯时角度不宜过小，手要前后移动，使受力部位用力均匀，直至到要求的角度，并应该更小一些，留有拆除缠绕物后反弹的余地。第一个弯固定后，手向枝先端移动，慢慢顺畅地使枝条弯向容器，使先端向下（头朝下），再将茎干先端从铁线截断处剪除，同时将内侧（容器一侧）枝条全部由基部剪除，外向枝按设想疏剪留3～5个侧枝，侧枝留4～5片叶短截。在桌案或高台上栽培养护新枝，新枝发生后留2～3片叶修剪，发生在主茎干上的新枝同时剪除。依次修剪即能长成片状造型。当茎干或分枝上皮层欲包裹金属线时，及时拆除支撑的铁线及缠绕的金属丝，随生长、随修剪发生的新枝，即能保持设想造型。

8. 自繁苗怎样做横干式盘扎修剪？

答：横干式指茎干基部直立或稍向后倾斜后变为横生的盘弯方法。其折弯操作与悬崖式方法相同，只是要将茎干弯成横生。可按悬崖造型实施。

9.榕树自繁苗可做直干或云片造型吗？怎样弯制？

答：直干式造型为茎干基本直立，分枝做盘曲弯扭成为多个云片，或通过多次修剪成云片，或各种大树姿态的造型方法。

(1) 直干云片式

习惯上多选用茎干稍粗的自繁苗，干径3厘米以上，在干高30～50厘米处截干，或依据用途选定干高。按互生（错位）疏枝，按设想，将多余的枝条由基部剪除，将茎干露出。留下的枝条仍需依据设想的长短修剪，并将其用绳索拉成横向水平位置。最上端一枝使其直立。新枝发生后，侧枝留2～3片叶修剪，先端1～2个新枝留3～6片叶修剪，以使云片拉长。如欲修成圆片，仍应为2～3片叶，依次随生长、随修剪，即能成为云片。

(2) 直干修剪式

将基部露出树干，可单株或丛植，按设定高度截干，习惯高度多在30～40厘米。修剪时，下部分枝留一定长度，向上渐短或留1～2个长枝。新枝发生后随时修剪。成型后保持大树姿态修剪。

10.榕树自繁苗怎样修剪成斜干式造型？

答：斜干式造型，应将树干斜向栽植，按设想高度截干修剪，再将基部分枝剪除露出树干。基部向上第一或第二个分枝留长枝，向上短截，并应将其拉平拴牢，随后疏剪，按设定位置留枝并短截，比基部第一或第二枝短1/2～1/3，最先端一枝短剪后使其直立。新枝发生后留2～3片叶摘心或修剪，随生长随修剪，待基部成片时，再将基部留的第一枝斜向下拉，以求平衡稳重。

11.榕树自繁苗怎样掏爪露根？

答：掏爪露根为将较粗大或较长的根露出土表以外，不但可以观赏优美的株冠造型，同时还能观赏根的风采，特别是地瓜榕粗大的根，有时胜过株冠造型。掏爪露根最普通的方法，是将选好的苗脱盆，浸于清水中将土壤去除，将有观赏价值的大根露出土外重新栽植。也可将长根依附于景石、有观赏价值的枯树根、枯树桩，或有观赏价值的其它物器上。依附栽植需体现原生态的自然美，有条件穿石越木、若隐若现则更好。也可先将其栽植于高筒容器中，使根系伸长后脱盆栽植。

另一种方法，可将茎干套一个劈开的竹筒或塑料薄膜筒，筒内填满腐叶土或腐殖土或建筑沙，浇水时向筒内灌浇，保持潮湿至水湿，使茎干产生不定气生根，待不定气生根变为正常根并已伸入栽培土壤达到容器底部时脱盆，上提至土表重新栽植。也可以在温室内掘一深穴，将提根后的容器置于穴中，用两块老房上的小瓦片合拢在植株基部后，瓦内填基质，四周仍原土回填，向瓦筒内浇水，不久即会发生不定气生根，并伸入下方栽培土中，待这些不定气生根稍老化后掘苗，将根露出土外重新栽植，均能成为掏爪露根栽培。

12. 什么叫连理式？能用榕树自繁苗造型吗？怎样盘扎修剪？

答：连理式指在外露的一条根上生有两个以上茎干的盘扎修剪方法。这种方法在自繁苗中可选用压条、埋条及嫁接方式，通过栽培修剪来完成。

(1) 压条苗整形修剪

先将2～3年生苗脱盆改为斜栽，与地表呈20°左右角度，按设定位置留2～3个直立向上的枝条，其余枝条剪除，并将茎干在先端设定位置截断后，深埋入另一个容器中，将两个容器置于一块木板上，并将1个容器先固定于木板，另1个向固定的容器方向移动，使茎干呈弓形状态后也将其固定，将留下的枝条扶正后，仍需按设想位置将其先端剪除，然后按压条方法养护。待新枝发生后再行按设想修剪，并随生长、随修剪。

(2) 埋条或埋压条整形修剪

新枝发生后，在原繁殖基质中生长1年左右掘苗或脱钵或盆，最好能保持较长的根系，除去宿土，按设定位置，将2～3苗栽植于土壤，两端或一端发生的枝条长长后，弯成弓形埋入土壤，中间较长根系同时垂直栽入土壤中，如果根系较短埋入土壤有困难，应壅土成岗，连同横向茎干埋入建筑沙或腐叶土中，浇透水保持土壤湿润，使其根系健壮伸长。通过1～2年的栽培养护，除去保护基质，根系即可牢固地扎入栽培土中，此时下垂根系较多，应适当剪除一部分，使其疏密有致。上盆后，对直立新茎干应按设定高度短截，短截后发生的分枝按设想摘心或修剪或适当盘扎，以后随生长、随修剪，并将不适当部位发生的新枝剪除。

(3) 嫁接苗整型修剪

选用嫁接方法做连理式造型，最大优点为设定定点准确，不受株距限制，多用于茎干分枝少或分枝位置不当，不易造型的苗株。操作方法为：将选定的植株在设定位置用腹接方法嫁接，除预留枝条外，将其它分枝及茎干埋入土壤，多余部分全部剪除，并对留下的1～2个枝条短截后选定腹接位置嫁接，待成活后按压条方法整型、盘压、修剪。

13. 自繁苗怎做随意式整形修剪？

答：随意式整形修剪没有一定的规则，按自己爱好、性格修剪、盘扎、扭曲，制作成个性的作品，多为微型或小型种类，这种造形品类繁多介绍几种最常见的手法。

14. 多次在斧劈石水盆的硬石栽植穴中栽植小植物，均未成功。穴附近有两股循环流水，由小水泵控制，可干可湿，能否栽植露根细叶榕？

答：细叶榕用于斧劈石山水盆景，欲想根系全部外裸，最低限度应将部分健壮而长的根系浸于水中，最好能压在斧劈石下，这就需要先行养根，使根充分伸长并需半木质化或完全木质化。养根的方法可选用高筒盆栽培，并依据准备栽植的位置进行修剪。如果高筒盆高度仍不足够达到设想根的长度，应在盆内装满栽培土后，在土上套放一个无底的高筒盆或口径基本相同的营养钵，即两盆或一盆一钵摞起来增加高度。将选定的植株栽植于营养钵中，使根系由上端钵中向下端高筒钵伸长生长。浇水时，上下两盆或钵同时浇透，生长阶段保持偏湿，待根系绝大部分盘于下端盆底时，将植株由摞起的两盆中脱出，除去宿土呈裸根状态。将较细、较短的根栽植于栽植穴中，并将植株稳固在斧劈石上，再将长大的根按设想，或曲、或直、或穿石，安排在斧劈石上，安排时最好要3～4个方向有根支撑，使株冠处于平衡状态，不致倒伏或歪斜。根系按设想摆放好后，暂时用绳索固定，再包裹一层麻袋片或棉布编织物保护层，并喷水保持潮湿，移至温室或荫棚半阴场地，1～2个月后由上至下逐步掀除保护物，保持栽培容器内有水，容器内有水时，有没有小水泵供水均能良好生长，流水只起景观效果。恢复生长后，逐步移至直晒环境下进行常规养护。榕树长势较快，且叶片较大，在山石盆景上栽植应随时修剪，保持山石与植物的比例协调，最好不以树压石，喧宾夺主，而失去美感。

15. 细叶榕能在上水石上露根水养吗？会不会因水中营养不足而长势渐弱？

答：上水石种类很多，但其特点为石质较软，易造型，孔隙大而多，易保湿，也能贮存所需养分。由于加工容易，栽植槽也易凿挖，可按实际情况决定大小深浅，并按设定位置穿孔留洞。选定的细叶榕自繁苗，养根方法与斧劈石或其它硬石材栽植相同。脱盆后将部分短根植入栽植穴中，在观赏面选好的位置用工具挖一小孔，将另一部分根植入小孔中，对一些不好安排或多余的根可以剪除。长根可在孔洞与孔洞间穿绕，或曲或直安排。总体安排宜仿效自然，减少人为痕迹。景观宜稳重，浑厚当中求秀丽。其它参照斧劈石露根栽培。

16. 自繁细叶榕苗怎样依石、依枯木、依枯枝造型栽培？

答：依附有观赏价值的各种景石、枯树桩、枯枝造型栽培，应依据依附物形态而定形，修剪成随形就势、效仿自然的形态。通常分为依附式或穿孔式两类。

(1) 依附式

多选用已经修剪盘扎成型或基本有雏形的植株，脱钵栽植于选好的花盆中，定植后，将景石依于茎干一旁，摆放位置要保持景观的均衡，切勿产生欲倾倒的感觉。配置好后，应随生长、随修剪，保持良好形态。其它与常规栽培相同。依附枯桩、枯枝时，选苗应两者之间分枝点相差不多为最好，相差太多不易吻合，给造型带来困难。栽植时两者必须紧贴或将枯桩、枯枝用刻刀刻槽，将苗的茎干镶嵌于槽中，并捆绑固定，待全部结合在一起时再行弃除捆绑物。如选有雏形苗有困难时，可选2～3年生、做过几次修剪的苗做依附式，然后定形修剪，相对容易一些。

(2) 穿孔式

即将景石、枯桩、枯枝选定位置，用电钻、麻花钻或其它钻孔工具(景石应用合金钻头的冲击钻)由先端向下钻孔，孔深直通至基部，穿透孔径0.8～1.5厘米，如果苗的茎干粗大，应将孔径加大，总之孔径应大于茎干直径或根合拢后的直径。钻孔后，用一根细镀锌铁丝或钢丝穿入孔中，铁丝穿孔前将铁丝先端弯一小回弯，减少阻力，易穿通。自繁苗选用1～2年生植株，干茎直径最好不超过0.5厘米，过细往往长度不足，过粗根系过多不易穿拉，同时将准备穿入孔中部分所有分枝及叶片剪除，将苗的根系捋顺，固定于穿好的铁丝回弯上，并用棉线或胶条再次捆紧，一手在下端拉铁丝，另一手向孔内推茎干，两手宜同步用力，将根系全部拉出，茎干稍露孔外。为了便于布景，很可能一个枯桩或枯枝上钻3～4个孔，每孔应穿1株，穿好后即行栽植，并将过长的茎干在适当位置剪除。移至半阴场地浇透水，保持盆土湿润。新芽发生后，按设定造型修剪养护。

17. 在山上石隙中生长多年的榕树大桩，已经撬开大石取下，怎样养护才能成活？

答：不提倡挖这种下山桩，保留山隙中的一点绿。一个大桩在石隙中生长几十年甚至上百年，艰苦地活下来是非常不容易的，一旦挖掘下来，石块暴露，那点土也随之流失，造成对生态环境的破坏。既然已经下山，应保证它成活。这里介绍下山大桩的养护管理。

(1) 新下山桩栽培养护

根系因受石缝宽窄限制，多数为扁扇状且纵横交错、粗细不一地蟠虬在一起，给人以清、奇、古、怪，憨态中不失清秀的感受。这些千奇百怪的根多为木质化老根，很少有须根，使吸收水分产生障碍，应及时修剪、短截茎干及叶片，只留少量叶片，对主茎干也应考虑成活后的形态，并做防止伤流处理。再将基部多余过长的老根平衡切锯，使其能平稳直立，处理好后放在准备好的假植沟内，或栽植于花盆内。上部露出地面部分，用麻袋片或棉织物或稻草片等包裹或壅土保湿，在南方温暖、多雨潮湿地区，很快即会发生新根。新根半木质化后即可上盆，盆栽者改为常规养护。在北方应在温室内或小弓子棚中进行。成活后揿除覆盖保湿物，勤喷水或喷雾，保持桩体外表皮湿潮。当大量新枝发生后，按设想形态修剪。

(2) 老桩养护

在北方，榕树常规养护从程序上分为出房、入房、浇水、追肥、喷水洗叶、修剪等多项内容。

出房：即移出温室。出房前应打开温室门窗加强通风、光照，使其适应自然环境。通常在自然气温稳定于12～15℃时出房，此时日照强度还不是很强，不会产生日灼。虽然有一段时间停止生长，但不会影响原形态。室外栽培场地应宽阔，通风良好，光照较好。细叶榕在荫棚下、树荫下、直晒下均能良好生长。荫棚下栽培，新枝叶节间较长，易发生新枝，树荫下最为适中，直晒下新枝发生率稍低，枝条短、叶节近，光泽度稍暗。场地及盆内保持清洁整齐，无杂草、不积水，浇水水源方便。单面观赏植株，直至入房前不必移动，2～4面观赏植株，应依据光照情况转动或不转动方向。摆放时，盆底应用砖块垫离地面，防止地下害虫钻入盆中及根系扎入地下。栽培3～5年换土1次，土壤选用疏松、肥沃的普通园土，加7%～10%腐熟厩肥，或5%～8%腐熟饼肥或膨化粪肥。

浇水：出房摆放好，场地及盆内清理洁净后即行浇透水。以后每日上午或下午浇水，避开中午。榕树喜偏湿，浇水应透，浇的水以用河、湖、塘、池及晒过的水最好，井水、自来水次之，深井水最次。选用可移动的胶管浇水时，出水口距土面越近越好，防止将盆土冲出盆外。夏季暴露在阳光下的水管，管内残留的水温度很高，在应用前，应将这部分水排出不用，待常温水流至管口处再行浇灌，以防烫伤植株。冬季浇水应依据光照强弱、室温高低、相对空气湿度大小与栽培容器大小及材质而定。光照强，室温高，相对空气湿度小，栽培容器大，材质通透性好，应多浇；反之则少浇。总之以盆土土表见干时再浇最好，也可用喷水代替浇水。

追肥：随植株生长发育，土壤中养分被大量吸收利用，盆土变得贫瘠，追肥为土壤中补充养分的主要方法，故在生长期间，每30天左右追腐熟液肥1次。如应用无机肥，应氮、磷、钾结合，总量对水成3%～5%浓度浇灌。如应用干肥埋施，应沿盆壁处将土壤掘开，深度5～10厘米，将肥料撒入沟槽内原土回填。也可选用点埋，用工具在土表向下扎孔，深到10厘米左右，将肥料填入孔中后填土压实，埋好后即行浇水。肥料种类繁多，绝大多数可用于埋施，埋施操作相对较为繁杂，费工，费时，但相对肥效长，异味少是其优点。

喷水洗叶：喷水洗叶有增湿、降温、除尘、改善小环境的作用。夏季，在浇水的同时将场地四周喷湿，通过蒸发，小环境内的空气湿度增高，自然气温下降，易于植株生长发育。另外植株长时间在室外栽培，叶片产生大量积尘，既影响美观，又影响光合作用，故喷水是一件必须的工序，且需坚持进行的工序。

整形修剪：已经修剪定形的植株，生长期间分枝会逐步伸长，且有长有短，并会产生重叠、下垂等现象，还会在枝干上萌发新枝，造成杂乱不堪。应按原造型或向四周扩大，但造型最好不改变，摘心修剪。对下垂枝、重叠枝及枝干上无造型价值的新生枝条，由基部剪除。以后随生长随修剪，保持原设想形态或稍有改变，稍有改变指保留的新生枝，如果为云片造型，作为商品在修剪时，有可能一个云片形由多个分枝组合修剪而成，对这种云片应留一个健壮分枝，其它枝条由基部剪除，虽然暂时造成云片变小、零乱疏散，由于供应的养分集中，修剪后很快会发生新枝，通过一段时间的修剪，会成为理想的云片造型。

入房：霜前或自然气温低于8℃时，移入温室光照充足场地，过早会继续生长，入室后仍需修剪；过晚一旦经霜，老叶会产生离层而早落。入室后坚持大量通风，并将温室上备好防寒被或蒲席，但并不覆盖，待室温降至6℃左右时，应17：00前放席，次日9：00卷席，保持室温夜间10～12℃，白天高于25℃时开窗通风。盆土土表不干不浇水，可向植株上喷水，增加室内相对湿度，湿度也不能过高，保持70%左右。为保持良好形态，最理想温度为白天20～25℃，夜间6～8℃，使其处于休眠状态。容器栽培榕树能忍受短时近0℃低温，但老叶易产生早落。如为其快速生长，室温应最低不低于12℃，在室内可不停止生长。室内栽培阶段更应保持场地洁净，防止病虫害发生。

18. 住楼房6层，栽培的榕树怎样养护才能良好生长？

答：楼房环境栽培榕树，也需夏季移至敞开阳台或护栏内光照、通风良好场地，冬季在室内越冬。如果多年未换土，应于春季出室前后换土。土壤选用疏松、肥沃普通园土加8%～10%腐熟厩肥，或5%左右膨化粪肥、腐熟禽类粪肥、腐熟饼肥，或5%～8%骨粉、鱼粕等。应用市场供应的小包装基肥时，按说明加入，拌均匀、充分晾晒后更换，置阳台半阴处浇透水，并保持土壤偏湿，每日早晨或傍晚浇水。待新叶萌动后，逐步移至阳台或护栏内阳光直晒或较充足处。生长期间每30天左右追肥1次。单面观赏植株可不转盆，多面观赏植株7～10天转盆1次。随时清除杂草及整形修剪，保持端正形态。霜前或自然气温低于6℃时，移入室内光照充足处养护，如有条件，白天移到室外通风受光，晚间移回室内，10余天后再固定于室内栽培则更好。供暖前及停止供暖后两段低温时间段，保持盆土偏干。冬季浇水及喷水洗叶，应在室内进行，水温与室温相近，以免植株受到伤害。春季夜间自然气温稳定在12℃以上时，移至阳台半阴场地，并逐步移至直晒下栽培。并每隔3～5年脱盆换土1次。

19. 橡皮树自繁苗，由分栽至有雏形怎样栽培养护？

答：在北方，通过场地准备、盆土准备、上盆、摆放、浇水、追肥、修剪、脱盆换土及越冬养护等多项栽培养护措施，才能生长成有雏形的植株。

(1) 平整栽培场地

小苗成活后，准备分栽前选定栽培场地，清除场地内及周边杂物杂草。将场地平整成0.3%左右坡度，规划出人行栽培养护通道，并于一侧或两侧预留手推车或三轮车通道，通道宽度不应小于1.2米，使手推车、三轮车顺畅通行。按摆放5～6盆宽度用量绳等规划成方，撒好灰线，或直接以量绳为边界摆放。

(2) 土壤准备

选用疏松肥沃、排水良好的园土，加5%膨化肥、腐熟禽类粪肥、腐熟饼肥，或10%左右腐熟厩肥，翻拌均匀并充分晾晒，运至上盆场地准备应用。如园土为沙壤土，所用肥料应适当增加；园土密度较高时，除加肥外，还应加入腐叶土或腐殖土或煤灰，使土壤变得疏松后应用。为了质轻，养分含量高，也可选用园土50%，腐叶土、腐殖土、锯末、腐朽树皮、棉籽皮、稻糠麦皮等任何一种占50%，也可多种混合应用，另加腐熟厩肥10%～15%，或腐熟禽类粪肥、膨化粪肥、腐熟饼肥等5%～8%，长势会更好。

(3) 容器选择

橡皮树苗期即有较好的观赏价值。选用12×13～13×13（厘米）营养钵栽植，生长到5～8片叶时，即可供应市场。供应市场可用原钵或换入美观大方的花盆。如继续栽培，可换入16×16～21×21（厘米）营养钵中栽培。如存有旧盆，应用时应用清水刷洗洁净，晒干后应用，如旧盆壁内外堆积有大量污物，可应用钢丝刷或锉刀刷蘸水刷洗，使盆壁清洁通透后再用。成型植株高大，冠幅丰满，多选用木桶或上釉缸栽培。

家庭条件可选用口径14～16厘米瓦盆，或硬塑料盆、陶盆、紫砂盆、瓷盆等栽植。

(4) 掘苗上盆栽植

容器繁殖苗脱盆、营养钵繁殖苗脱钵时，一手握苗使其悬空，另一手挤压、下拉营养钵，很容易将苗带土球脱出。花盆繁殖苗脱盆时，一手托盆内基质，一手握盆沿，将其放倒成横置或稍下斜，用手轻轻拍打盆外壁，即可顺利带土球脱出盆外。苗浅、苗盘、浅木箱等先将其横置，一手托苗，另一手轻轻拍打容器壁或底即可脱出，脱出后除去基质使其呈裸根状态。将营养钵或花盆底孔用塑料纱网或编织物垫好，垫2厘米左右栽培土，刮平后垫1～2厘米腐熟肥料，填2～3厘米栽培土刮平，一手握苗将根部放入钵或盆中舒展开，使茎干位于盆中心部位，一手用苗铲填土，随填随压实，随扶正，至留水口处再次蹾实，使土壤密贴于根系。

(5) 摆放

摆放前，先按苗高矮、强弱分类，并按场地规划好的方进行摆放，横成行、竖成线，南低北高，强弱分方摆放。株行距以叶与叶互不相搭为准，同时检查有无栽植不正的苗，发现不直不正苗，应脱盆重栽或扶正。露地与温室内摆放方式基本相同。成型苗也可在场内道路两旁或建筑物前作景观布置，既为商品又美化景观。如果数量不多，可与其它花木集中混置，但相互间不能影响通风、光照。阳台栽培初上盆苗，应摆在半阴处，缓苗后逐步移至直晒下栽培。

(6) 遮荫

新上盆苗由于根冠、根毛的机械损伤，需要一段愈伤时间，植株才能恢复生长。因根系吸收水分能力减弱，叶片内贮存水分大量蒸腾，造成叶片因失水而萎蔫，甚至干枯、脱落，故应适当遮荫，减少蒸腾。遮荫时间并不很长，可作简易支架，待缓苗后逐步撤除。

(7) 浇水与喷水

摆放完成后立即浇透水并喷水于叶片，同时将场地四周喷湿，增加小环境空气湿度，并保持盆土湿润。浇水或喷水后检查盆或钵内是否有积水，发现积水应及时找出原因排除。夏季浇水时间最好在上午10：00前或下午15：00后，避开中午。自然气温较低季节，应在温度较高时间段浇灌。浇水或喷水原则上以土表见干时即浇，不以时间长短为度。浇水一次浇透。炎热夏季、风天、晴天日照强多浇；气温较低、阴雨天少浇或不浇。栽培容器大，材质密度高少浇；小盆栽培或通透性较好的容器多浇。其中的多与少指浇水量及次数。喷水既能冲洗叶片积尘，又能增加空气湿度，摆放位置附近灰尘越多或干旱季节，应增加喷水次数并多喷，反之则少喷。如果发现喷水后叶片留有水垢痕迹，应及时用湿棉织品擦拭，并在水源处增设过滤装置，防止水垢发生，叶片上一旦集存水垢过多，很难清除。

(8) 中耕松土除草

栽培容器内发生杂草应及时拔除，以免争夺栽培土壤中的水分及养分。雨后、肥后或土表板结时，随时中耕松土，保持土壤通透。

(9) 追肥

容器栽培橡皮树，因容器中装填土壤有限，随着植株生长发育，株冠及根系不断增大增多，需要的水分、养分也随之增多，有限的养分被大量消耗利用，需要按时向土壤中补充养分，这种补充即我们常说的追肥。在适温条件下的生长期养分消耗最多，低温或休眠期间消耗量少，故在生长期间追肥，习惯上每28～30天1次，低温或休眠期停肥。追肥最常用的方法为浇施液肥，浇施腐熟液肥简便易行，省时、省工、省劳力，渗透均匀，根系易吸收利用，相对见效也快，但颗粒粗糙的部分不易渗入土壤，肥后应中耕松土，使其均匀地分布在土表以下，随再次浇水时逐步下渗。选用埋施或点施方法，即埋施时掘开盆壁内四周土壤6～10厘米深，容器较大时应适当加深，依据容器大小及肥料种类，撒入腐熟肥1～5厘米厚，容器小、株型小少加，反之则多加，加好后原土回填，压实刮平。点施多用于容器较大的成型植株，在盆土表面选定位置，用木棍、金属钎扎孔，将肥料灌入孔中，然后封严,孔的直径大小、孔间密度依据实际情况而定。孔大填装肥料较多，孔与孔间稀疏一些；孔小填装肥料少，孔间应密一些。孔深5～20厘米，容器大应适当加深。孔的分布尽可能靠近盆壁四周，因根系绝大多数盘绕在盆壁四周，距离根系近有吸收快、很快被应用的优点。浇施时，应将出肥口紧贴土表，不使外溅为好。

(10) 修剪

无分枝单干苗在1.5米高以下时，叶片丰满，观赏价值较高，超过1.5米，多数下部叶片脱落，观赏价值降低，应行截干修剪。另外，通过修剪也是促使发生分枝的主要方法。第一次修剪多在春夏间进行。留干高度应按用途而定，陈设于几案、花架时，应在距土表向上30～40厘米处截干，用于室外或大厅等陈设时，应在0.8～1.5米处截干。剪截下来的茎干可作扦插穗。伤口及时涂抹新烧制的草木灰、木炭粉或化工商店供应的硫磺粉。修剪后置直晒场地养护。按时浇水，保持盆土湿润不过干，并每日早晚向茎干喷水，不久3～5个潜伏芽即开始萌发生长出分枝。分枝发生后，长势较快，应加大浇水量，按时追肥，以供健壮生长。第二次修剪多在2～3年以后，茎干上叶片几乎全部脱落，分枝基部叶片部分脱落，分枝长短不齐，显得零落松散时进行，时间仍为春夏间，通常为强修剪（重修剪），即由分枝点向上，强健枝条留3～4个潜伏芽，较弱枝条多留1～2个潜伏芽处短截。修剪时还应考虑新芽发生后的树冠形态，最上端的潜伏芽应为外向芽，其它处理同第一次修剪。新枝发生后生长一段时间，即成为株冠丰满的成型树，此时有可能在老茎干上有潜伏芽萌发，并生长成为枝条，应随时剪除。

(11) 入房越冬

霜前或当自然气温降至10℃前，应移至温室光照较好处，减少浇水量及次数，保持土表不见干不浇，叶面无积尘不喷水。室温夜间不低于8℃，白天高于25℃时开窗通风，晚间关闭，最好使其处于休眠状态。翌春出房前打开门窗，加大通风量，待自然气温夜间稳定于15℃以上时，移至室外栽培。苗期每1年左右春夏间换土1次，成型植株3～4年脱盆换土1次。

20. 单位木桶栽培的橡皮树无专人养护，目前干径约8～10厘米，几个分枝上约有1米多长已经脱叶，只在枝先端有几片叶仍在健壮生长。木桶大多腐朽，新任园艺师建议更换大釉缸栽培，同时修剪是否可行？

答：这种情况在工厂、机关、单位并不少见，多数均为无专业栽培技术人员养护所造成。修剪与脱盆换土最好分开进行，因多年有失于养护，根系多数受损，植株养分不足，此时如果两项同时进行，潜伏芽萌动率不会很高，观赏效果仍然不会理想，故应先行脱盆换土。换盆养护一段时间，待新根健全后再行修剪。如果为结合扦插繁殖，最好在翌年春夏间，平均日温24～28℃时进行修剪。修剪时，强壮的枝条留3～5个潜伏芽，弱枝留4～6个潜伏芽，最先端接近剪口处的芽应为外向芽，去留决定了新枝发生后的株冠形态。修剪完成后，只剩枝干已经没有叶片，蒸腾作用、光合作用极度减弱，根系吸收的水分、养分也随之下降，但上输的部分水分、养分集中供应潜伏芽，使潜伏芽很快萌发长出新枝。修剪后的植株应置直晒下，保持盆土湿润不过干，不积水，并每日向枝干喷水2～3次，喷水同时将栽培场地四周喷湿，保持小环境湿润。新枝发生后应及时追肥，保证水分及养分供应。如果栽培养护适当，当年秋季即有整齐丰满的树冠。

21. 阳台上怎样栽培橡皮树？

答：橡皮树在光照良好的敞开阳台上均能栽培。北向阳台需有散射光及通风良好，虽然也能生长，但不如有直射光照的阳台长势健壮。光照良好的护栏内只能栽培单干苗，阳台栽培多选单干苗或低位分枝苗。春季夜间自然气温稳定于10～15℃时，由室内移至阳台面，并将其固定，防止刮风天气堕落楼下。摆放位置，叶片距离建筑物立面不小于20厘米，防止建筑物积温烤伤叶片。喷水擦洗冬季在室内落下的积尘，并浇透水保持盆土湿润。夏季浇水或喷水宜早晨或傍晚，浇水一次浇透。新叶开始生长后，每25～30天追肥1次，为防止异味发生，可选用埋施。每15～20天转盆1次，防止茎干及叶片偏向一侧，转盆后仍需加以固定。霜前或自然气温低于10℃时，移至室内光照充足场地，此时白天自然气温仍较高，如有条件，白天移置敞开阳台，傍晚移回室内，十余次后固定在室内，能延长老叶寿命，推迟落叶时间。入室后减少浇水量，保持盆土偏干，待供暖后浇水，但需见干见湿。冬季需要喷水洗叶时，应在室内进行，切勿移至室外。翌春自然气温稳定于12℃以上，最好在12～15℃时，移至阳台栽培。如果已经栽培2～3年了，应脱盆换土，栽培土壤为普通园土50%，细沙土30%，腐叶土20%左右，另加腐熟厩肥10%左右，应用腐熟禽类粪肥、膨化粪肥或腐熟饼肥时，为5%～6%。应用市场供应的小包装基肥，按说明应用。应用蹄角片或骨粉类等，可不减少其它加肥量，蹄角片、骨粉等腐熟慢，待其它肥料被吸收应用后才能发生肥效，可延长追肥时间。其它栽培养护参照橡皮树常规栽培。

22. 秋季由南方选购一批有3～4片叶的营养钵琴叶榕苗，在简易塑料薄膜面温室中，如何栽培才能良好生长？

答：运到后及时移入温室，将弱苗、伤残苗、散球苗挑出另行养护。整齐摆放，浇透水并喷水于叶片，遮荫60%～75%，室温夜间不低于12℃，但能耐短时8℃低温，白天高于25℃时开窗通风，翌春自然气温夜间不低于10℃时，应昼夜打开门窗加大通风量。土表见干即行浇水。如果容器与植株比例尚谐调时，可继续在原容器内栽培，如容器较小，植株较大，应换盆换土。换盆分两种情况：一种为出期即有较高观赏价值，应换入硬塑料盆、釉陶盆、瓷盆、紫砂盆等品质较高的花盆，栽培1～2个月，新根发生后供应市场，要求档次不高时，也可原营养钵或换入瓦盆供应市场。另一种为继续栽培，应脱盆换入大一号营养钵或花盆中。

换土时会有几种不同土壤，应分别对待。其一，原钵内栽培土壤为人工配制的土壤，这种土疏松通透、肥沃、排水良好，又能保湿，脱盆后很容易除去外层部分，根系存土量不会很多，且易散球，脱钵时宜轻，不使宿土全部散落，换用的土壤配制为园土40%、细沙土30%、腐叶土或腐殖土30%，另加腐熟厩肥8%～10%，应用腐熟禽类粪肥、膨化粪肥或腐熟饼肥为5%～6%，翻拌均匀、充分晾晒后应用。其二，原钵栽培土为沙壤土、岩沙混合土或粗沙混合土，沙壤土较为松散，通透好，但漏肥漏水；两种混合的土颗粒大小差别较大，含水量多时呈糁羹状，含水量少时呈硬块，通透性较差，在脱盆前应浇一次透水，以便于除去外层宿土，更换的土壤可参照第一种配制方法，也可用园土70%、腐叶土30%，加入第一种所述肥料。其三，原钵栽培土为南方的硬黏土，通透性差，易积水，含水量多时成稀泥，含水量少时成硬块，甚致皲裂，这种容器栽培苗多来自温暖、潮湿多雨地区，脱钵前先浇透水，趁水湿期脱盆除去外层宿土，换入的土壤应为普通园土80%，另加腐熟厩肥20%或适量加入腐熟饼肥、膨化粪肥或腐熟禽类粪肥，加入量为容重的5%左右，这是因为根部留下的宿土密度高，通透性差，水分渗入宿土慢，留下的宿土越多渗入越慢，如果应用通透、排水良好的人工配制土壤，当浇水后水分很快排出，而留下的宿土仍处于水分不足状态，应用普通园土相对排水较慢，使留下的高密度宿土能有一定时间渗透，得到所需水分。

带部分宿土栽植后，仍置原栽培场地或移至荫棚下，浇透水保持盆土湿润。换土苗70～90天后追肥，生长期间15～30天追肥1次，沙壤土、岩沙混合土、沙黏混合土勤浇，人工配制土少浇。土表板结时及肥后、雨后（荫棚下栽培苗）中耕松土。发现苗因追光弯向一侧时转盆。为保证栽培场地清洁整齐，每3～4个月倒方1次，将苗按高矮、健弱重新排列摆放。并保持随出圃、随填补，使其保持缺边不缺心的整齐状态。其它栽培养护参照橡皮树养护。

23. 容器栽培菩提树，怎样养护管理才能良好生长？

答：菩提树叶大而奇，高30厘米左右小盆栽即有较高观赏价值，通过多次修剪的大苗更是雄姿伟岸，道骨仙姿。北方容器栽培多在温室内或荫棚下，但也能耐直晒，直晒下叶片稍暗，菩提树喜半阴，稍耐直晒，栽培场地遮荫50%～70%长势良好，在浓荫树下、通风良好场地能正常生长。喜湿润，耐干旱性稍差，日常养护中，每日上午或下午浇水及喷水于叶片，夏季保持盆土偏温，冬季保持湿润，雨季及时排水。喜温暖气候，越冬室温最低应不低于10℃，但以12℃为好，低于5℃很可能受寒害。白天室温高于25℃时开窗通风。夏季的自然气温，在荫棚下只要按时浇水、喷水，即能长势良好。其它栽培养护，参照橡皮树常规栽培。

24. 由南方选购的高1.2～1.6米、每盆3～4株苗的垂叶榕，目前长势很好。能否在早春至春夏间，在温室内将其脱盆，按每盆1株栽植，怎样分栽？

答：这种组合盆栽苗，在原场地上盆时，为分枝较少、形态不佳、或弱苗、单干苗，组合成丛生状盆栽苗，看上去株冠丰满，枝条分布均匀，如果将其分为单干栽培，需较长时间才能成为株冠丰满的单株。作为商品出售，最好不分栽，原盆出圃，从经济上更为合适。

如欲分栽，先准备好栽培场地、分栽土壤与容器。这种苗多为白砂盆栽植，盆土密度高、较黏硬，脱盆前一天浇1次透水，使土壤变得松软，方易脱盆、易分栽。且少伤根。脱盆时坐在板凳上或地面上，两手将苗拢在一起，用双脚蹬盆沿，手向上拉，脚向下踹即可顺利脱出。脱出后，选土球最外缘的苗用手掰离土球，然后依次将内部的苗分开，成为独立、基本裸根的单株，如能带部分宿土则更好。栽培土应用普通疏松肥沃、排水良好的园土，另加8%～10%腐熟厩肥或5%～6%的腐熟禽类粪肥、腐熟饼肥或膨化粪肥，或沼气残渣，翻拌均匀后充分晾晒。容器可选用清洁的营养钵或瓦盆，原栽培用的白砂盆用清水刷净后也可应用。先将盆孔用塑料编织物或纱网或碎瓷片、碎瓦片垫好，填2～3厘米栽培土刮平后，加一层约1～2厘米厚腐熟肥，再填2～3厘米栽培土，将苗栽植于盆中心，填土并压实，刮平留水口，移至备好的栽培场地。需南低北高成方摆放。浇透水后向叶片喷水，保持盆土湿润。如果1～4月分株，4月下旬至5月上旬出房移至直晒下栽培；5月分栽苗，5月下旬至6月初出房。出房摆放整齐后即行浇水，并保持盆土湿润，不过干、不积水。新枝发生后即行追肥，月余1次，盆土应用的园土为沙壤土时，20～25天追肥1次。土壤板结及肥后、雨后中耕松土，并随时清除杂草，清除杂草包括栽培场地及场地边缘。入秋后，应依据天气情况按时浇水或减少浇水量及次数。炎热、干旱、风多天气，仍按常规浇水；气温低、阴天应减少浇水。霜前移回温室光照充足场地，保持盆土稍干，室温最好保持10℃以上，白天高于25℃开窗通风，容器栽培，室温最低不能低于短时5℃。经2～3年栽培，即可出圃供应市场。

25. 春季在花卉市场选购的垂叶榕，摆放在屋里，枝繁叶茂，生机盎然，斜枝垂叶款款富有活力。可是两天后出现黄叶随之脱落，怎样栽培养护才能良好生长?

答：由花卉市场选购的垂叶榕，运回来后发生叶片变黄落叶的原因很多，主要有选苗不当、运输受寒及环境改变等几方面。

(1) 选苗

在花卉市场选择容器栽培苗时，除株形端正、枝繁叶茂、叶色油绿、盆内土壤无松动外，还应轻轻摇动树干或搬动花盆，看看有无落叶出现。除此之外还应察看容器内是否为新土，放倒花盆检查底孔处是否有根系存在，如无根系钻出底孔，盆内又是新土，应该为新上盆苗或换盆时的散球苗。这种苗未在条件较好的温室内栽培过，断根处伤口尚未痊愈，新根尚未生出，运回后环境改变，则产生落叶。

(2) 运输

在异地长途运输，花圃至花卉市场的运输，花卉市场至家中的运输等环节，在早春的气温下，很可能有一段较长时间处于5℃以下的气温环境。或装载量多、过挤，在气温较高的南方产生有害气体，植株呼吸困难，也会使叶片产生离层而枯黄脱落。只要认真选苗，这些问题均能排除。正确运输与气温有很大关联，低温条件，植物生命活动减慢，装载时挤一些，通常对植株不会产生大的伤害；温度过高，则会产生较大伤害。在南方段应适当加强通风，而到北方则需保温。北方的几次搬运也应防寒、防风、保温，才能使植株较为安全。

(3) 环境改变

春季选购的垂叶榕，多为去年秋季由南方长途运输的温室越冬苗。这种苗也分为两种，即原盆栽培苗及秋季停止生长后新上盆苗。原栽培苗根系健全，适应性较强；新上盆苗伤根较多，运至北方不久即进入冬季，在温室内，由于温度、光照等限制，新根形成有限，这些苗由温室环境改变为家庭环境，需要很长一段适应过程。温室中光照充足，空气相对湿度高，成片养护有一定群体效应，按时浇水、通风，又有专业技术人员维护，在适合其习性的条件下生长。运至家中居室后，变为光照不足，空气干燥，通风不良及温度变化，很可能对环境改变不能适应，而产生落叶。原盆栽培苗脱叶少或不脱叶，新上盆苗脱叶多，甚至死苗。

(4) 补救养护

选购的苗叶片变黄脱落，多由老叶开始，如果脱叶不多，可每日用小喷壶向叶片喷水1～2次，脱叶数量减少或不再发生脱叶时，减少喷水次数，或没有积尘不再喷水，移至光照充足、通风较好场地。盆土保持湿润，室温低时，保持土表不干不浇水，使其维持发生脱叶后的形态。室外自然气温稳定于12～15℃时，移至光照较好的敞开阳台，或移至楼下通风、光照良好场地栽培。

(5) 夏季栽培养护

家庭条件由于各方面环境限制，不能良好生长，往往根系受损伤而减少，新根又难以发生，故应移至敞开阳台或楼下地面养护复壮。移出后随即脱盆换土，将已经腐朽及没有分枝根的老根剪除后栽植。有条件，土壤中按说明加一些生根素，浇透水后置光照较好场地，每天向植株喷水1～2次，浇水在早晨或傍晚，避开炎热的中午。新叶发生后适当整形修剪，也可在换土时同时进行。生长期间每25～30天追肥1次。发现土表板结，及时中耕松土。枝叶偏向一侧时及时转盆。自然气温低于12℃以下前移回室内，此时白天自然气温尚高，如有条件，早晨移出室外充分受光，晚间移至室内，经十几天对环境的适应，再行固定于室内养护，会减少入室后的脱叶或不脱叶。

26. 春季结合换土分株的无花果小苗，怎样栽培才能尽快成型供应市场？

答：无花果分株繁殖苗或扦插繁殖苗，苗期栽培基本相同，通常分为容器养苗及畦地养苗两种方法。其中容器养苗又分为单株养苗及丛株养苗；畦地养苗又分为限根养苗及常规养苗。

(1) 单株容器养苗

通常选用16～18厘米口径花盆。土壤为疏松肥沃、排水良好的园土加

10%～15%厩肥，或5%～8%腐熟禽类粪肥、膨化粪肥或腐熟饼肥，翻拌均匀，充分晾晒后应用。无花果对肥的适应性较强，除上述肥料外，动物残体、鱼粕、虾糠、毛肥、骨粉、蹄角片、剩残食品、腐烂果蔬、腐叶土等均能适应，但一定要腐熟后才能应用。上盆时先将底孔垫好，填入1～3厘米栽培土，加一层腐熟肥，厚度0.5～1厘米刮平，再填2～3厘米栽培土，将肥料与植株根系隔开，将苗放入盆中心位置，即行填土栽植，并随填土、随压实、随扶正，至留水口处，双手握盆上下蹾实，移至整理好的栽培场地整齐摆放，浇透水后保持盆土湿润。叶片展开后即行追肥，为使苗加速生长，每15～20天1次。肥后、雨后或土表板结时及时中耕松土，随时薅除杂草。如果光照充足，栽培适当，当年在单干上即可结实，雨季前结的果在雨季可成熟，可食，雨季后结实多不能成熟，不可食，只能作观赏，可小盆供应市场。如继续栽培，仍应按时追肥。浇水量适当减少，促使嫩枝木质化。落叶后带盆入冷窖、冷室或脱盆斜或横置假植沟内，盖席防风、防寒，或壅土越冬。翌春依据植株的高矮大小，分株的多少脱盆换土、换盆，或应用原盆，只换土继续栽培。

(2) 丛株容器养苗

应用大花盆、木箱、高壁塑料箱或其它较大容器，每个容器依据容积大小栽植3至多株，株间拉开距离。栽植后置直晒场地栽培，翌春脱盆分株。其它栽培养护同单株容器养苗。

(3) 畦地限根养苗

栽培场地应选择光照充足、排水、通风良好地域。将地面垫平，不加任何结合层铺砖，砖与砖之间缝隙越小越好，以防粗大根系由缝隙钻入地下。在砖面上，按边长35～40厘米呈方格状向上砌砖成壁，壁高35～40厘米，即为一个方型五面盒状穴体。砌筑时应预留养护通道。也可与排水养护通道共用。为浇水方便，可按方围埂做畦，方的大小以水流量而定，水源出口处水流量大，畦应大些，水流量小时则畦也应小，减少水的流失量。砌筑好后，按每个方穴底铺一层腐熟1～2厘米厩肥或1厘米左右腐熟饼肥或膨化粪肥或腐熟禽类粪肥，再铺2～3厘米栽培土，然后按每穴1株栽植，随填土随压实，填至与穴口砖面呈水平状态后灌透水，以后保持湿润。生长期间每月余追肥1次，按时中耕松土除草。霜后带土球假植，并做防寒处理。翌春上盆，果期即可供应市场。如欲养大苗，第二年依据前方法回栽，3～4年后即成大苗。此种方法掘苗伤根少，翌春缓苗健壮，生长最快。

(4) 畦地常规养苗

选好场地后，翻耕晒地。施入厩肥每亩4000～5000千克，撒匀于土表，再次翻耕，翻耕深度不小于30厘米，耙平压实，并做成0.3%～1%坡度，设定灌水垄沟位置，垄沟两侧为栽植畦的横向端，然后在垄沟两侧叠垄，垄高20～30厘米，耙平踏实，按35～40厘米行距叠畦，再在畦上按35～40厘米株距掘穴栽苗。干旱少雨地区，应栽植于垄沟内，栽植后浇透水，并使水通过土壤孔隙吸至畦背，每3～4天灌水1次，3～4次后，待土壤稍干，进行浅中耕保墒，10天左右以后，如无雨水天气，再浇灌1～2次，直至雨季来临。连续阴雨季节，排水防涝。干旱秋季按时浇水，但浇水量不宜过大。生长季节每月余追肥1次，肥后、雨后、土表板结时，中耕松土并随时铲除杂草。霜后地冻前，带土球或裸根掘苗，于冷室、假植沟等地假植越冬，翌春上盆或畦地回栽。回栽前稍作修剪，以促侧枝发生，并按预定控制株高。由于每年掘苗断根，大根短、须根多，上盆容易长势健壮，相对比限根养苗长势稍慢，上盆后第一年结果率及果实成熟率低。

27. 原来在平房庭院栽培的无花果每年果实累累，有一多半能变黑成熟。移至楼房阳台栽培已经3年，只有很少枝条有果，且不能成熟，是什么原因？

答：无花果属强喜光果树，性喜直晒，通风良好，喜肥，果期喜湿热空气，只要具备这些条件，即可良好结实并能良好成熟。在适宜栽培环境下，春季繁殖苗当年可见果，直至几十年老树均能良好结果。阳台栽培需选择有直晒光照朝向的阳台，且全株能有良好光照，在这种光照条件下，果实形成、生长、成熟应该没有大问题。光照不足，通风不良，往往结实率低且不易成熟。另一个原因，很可能是移至阳台栽培后，追肥不足，长时间未换土，也会导致不结实，果实不能成熟。应于春季新芽萌动前换土，生长期间每15～20天追肥1次，多施磷钾肥，少施氮肥。其它按常规养护，即能如愿以偿。

阳台栽培无花果，春季自然气温0℃以上即行上盆栽植或脱盆换土。小苗选用口径16～18厘米高筒花盆，选用普通园土60%、细沙土20%、腐叶土或腐殖土20%，另加腐熟禽类粪肥、或膨化粪肥、或腐熟饼肥5%～8%，如选用市场供应的小包装基肥，按说明加入。人工配制土壤有困难，可用疏松肥沃、排水良好的园土，加市场供应的膨化颗粒粪肥8%左右，翻拌均匀后上盆，有条件另加入碎蹄角片3～4片则更好。上盆方法参照橡皮树、榕树等操作方法。上好盆后，置阳台光照直晒场地，浇透水保持盆土不过干。以后低温天气中午浇水。干燥、高温天气早晨或傍晚浇水，浇水宜透，忌半口水。新叶展开后即行追肥，选用埋施方法每25～30天1次。选用无机肥时，以磷钾肥为主，氮肥为辅，每15～20天1次。每2～3天转盆1次。保持全株受光均匀。夏季果实陆续成熟。进入秋季，枝条上剩余的幼果通常只能观赏，因自然气温逐步降低，日照渐短等原因不能成熟，此时应减少浇水量，不见干不浇水，使嫩枝减缓生长，促使其木质化以便安全越冬。自然气温降至0℃以下，叶片全部脱落后，将仍未脱落的果实摘除，用双层牛皮纸将枝干包裹或用双层牛皮纸袋包装，外覆塑料薄膜袋，连同花盆包裹置阳台下背风场地，15～20天解开薄膜浇水一次，即可安全越冬。也可在自然气温降至－5℃以前移入室内光照充足场地越冬，选用这种方法越冬，应秋季脱盆换土，或追足基肥并整形修剪后移入室内，并于翌春自然气温不低于12℃时出房。室内越冬果实成熟率较高。无花果枝繁叶大，阳台栽培应稳固放置，防止风雨天气发生坠落，造成不应有的损失。

28. 在北方冬季极限低温－20℃左右的背风向阳庭院中，露地栽培的无花果每年枝干在冬天被寒冷冻死，但土表以下不死，第二年春天又发芽长出新枝，如此反复已经有6年之久，原单干已经变为丛株，夏秋之间能结果，但不能成熟。有无办法加以防护使其枝干不枯死，果实良好成熟？

答：常见有掘苗假植越冬及覆盖防护两种方法：

(1) 掘苗假植越冬

霜后将地表以下孽生的仔株先带根掘分，并将其捆绑在一起，直立假植于光照良好的露地假植穴中，浇透水保持湿润。待冻土前，修剪按单干老株考虑，将原株尚未木质化枝条过密部位的不整齐横生枝、徒长枝等短截或剪除，然后掘苗，当年生苗土球或根盘处半径不小于15厘米，大型植株不应小于20～30厘米，带部分护心土或完整土球，连同原假植的幼苗同时横向置于备好的假植沟中，浇一次透水，水渗下后覆土埋于沟中，覆土厚度由枝干以上10厘米左右即可安全越冬。翌春化冻后掘开假植沟，将植株连同小苗同时取出，将丛生老株分成单干重新分别栽植于施好基肥的栽植穴中，即能良好生长结果，果实按时成熟。另外为不损伤修剪好的枝条及春季掘取方便，可在假植沟上架设几根木棍、木板或金属管等支撑，再盖一层草帘，然后覆土越冬效果更好。如果准备春季扦插繁殖，应秋冬之际不修剪，越冬后春季修剪，修剪下来的枝条作插穗。

(2) 覆盖防护越冬

冻土前将蘖生的小苗及丛生老株用绳索捆绑在一起，同时将株冠捆拢，在株丛外距株冠20～30厘米处周围均匀直立埋4～6根木桩，高度应高于株高15～20厘米，木桩四周用小木方、金属线等固定成直立长方体、六棱柱体、圆柱形体，再用木板、塑料薄膜、无纺布等将四周围严，内填装锯末、废旧棉絮、蛭石等，填满后上部封严，即能安全越冬。翌春化冻后拆除防护物，并将防护物用容器装载收藏，待来冬继续应用。将丛生植株掘苗，除去宿土，包括蘖生的小苗一同按单株分栽于施好基肥的栽植穴，同时进行修剪整形，修剪下的枝条作繁殖插穗。浇透水后保持湿润。新叶展开后开始追肥，每15～20天1次，用于埋施时每月余1次，直至入秋。地表下发生的小苗于春季或秋季掘苗分栽，如此反复多年，均可良好结果并良好成熟。多年后如出现长势减弱、分枝渐少或很少出现徒长枝，且地表下蘖生的幼株渐多而弱，表现老化状态时，应于春季掘苗，换新土重栽仍能复壮结实。此时树干或完整或残缺，部分皱裂露出木质层或木质层已经腐朽，枝条折转迂回，如龙似蛇，叶片中的果实似藏似露，骄阳下斜影如画，显示着老气横秋的气质。

29. 盆栽无花果能否在地窖越冬？冬季如何养护？

答：无花果在废弃而坚固的防空洞、菜窖、白薯窖、无冬季供暖的地下室、无加温设施的空房、独立的专用地窖内均可安全越冬，只要越冬场所不长时间低于－10℃，即不会产生冻害而死苗。如果场地较大，又无通风窗或只有动力通风，应设照明设施，摆放应留有通道。入窖前先行通风，以防窖内贮存有害气体对操作人员不利。通风换气后，将内部清理洁净，然后入室，浇一次透水后，由于较小空间内空气流动极为缓慢，通常不必再浇水。如通风良好，且能有少量光照时，应每20～30天检查盆土是否过干，过干时补充浇水。室外化冻后应及时出窖。

专用地窖指对一些不甚耐寒或不耐风寒的观赏花木所建立的越冬设施，多用于栽培数量不多、场地又不大的情况。选定地点后挖掘一个深坑，坑的长宽依据植株盆数及覆盖材料尺度而定，深度2～2.5米，挖掘好并铲平坑底，将植株带盆摞放在坑中，摞码好后浇透水。再在坑上搭骨架、草帘等覆盖，最后覆土10厘米左右封严。翌春化冻后，在封土面上掀开一个通风口，1周左右即可出窖。需要换土时换土，需分株时分株，转入常规栽培。将地窖用原土回填，回填同时向坑内放水，以水夯实，填平压实后即复原为栽培场地。

30. 想用薜荔装饰温室的水泥立柱及墙体，应怎样栽培？

答：薜荔喜潮湿及明亮光照。栽植前将立柱或墙面下土壤翻耕施入基肥并围埂，翻耕深度不小于35厘米，栽植沟宽不小于30厘米，围埂高度不小于20厘米。位于墙下栽植时，株距35～40厘米，柱下依据实际情况稍密一些，方柱应最少每面1株，圆形柱3～5株，栽植后即行浇水，并将藤蔓领蔓上柱、上墙，每日向墙面或柱面喷水1～2次，保持柱面或墙面水湿，使藤蔓产生不定气生根，固定于柱面或墙面上。发生的新枝如伸离柱面、墙面，应及时领回柱面或墙面并加以固定，并随时调整新枝攀援方向，使其按设想攀援。苗期每20～30天追肥1次，冬季停肥。夏季全天开门、开窗通风，冬季室温最好不低于8℃，但能耐短时3℃左右低温。白天高于25℃时开窗通风，晚间关闭，即能良好生长。但很少或不能发生果枝，多数不能结实。欲想结实，需光照充足、通风良好，空气湿度80%以上，藤蔓高度2.5米以上方能产生果枝后结实。

31. 新年前由花卉市场购买的垂盆式斑叶薜荔，十几天后部分叶片干枯是什么原因？

答：薜荔类喜明亮或柔和直射光照，温暖、潮湿环境，也能耐通风良好的半阴条件。产生叶片干枯的主要原因，应为光照不足，室内过干，空气湿度过小，盆土过干或干湿不均所致。应放置在光照明亮场地，每日向枝叶喷水或喷雾2～3次，空气干燥多喷，湿度大时少喷，随栽培时间向前推移，逐步减少喷水或喷雾，使其适应新环境。适应环境后按时浇水，即不会产生叶片枯干现象了。

32. 用沙壤园土容器栽培的薜荔已经有5年之久，第一年长势较好，以后几年几乎未发生新枝，长势也弱，如何拯救？

答：沙壤园土升温快，降温也快，不易保温；通透性好易排水，但不易保湿；肥力猛，易暴发也易消失。栽植第一年土壤中肥分被植株吸收消耗利用，而后得不到补充，是生长不良的主要原因。栽培中除按时浇水外，应每15～20天追液肥1次，补充土壤中肥分，能良好生长。如果5年未按时追肥，植株很可能变为小老树，不但树势渐弱，可能叶片也会逐步减少，叶色也变得暗淡，应当换土。换土最好在春季新叶萌发前进行。换土前先行备土。薜荔在原分布地多数生长在含有腐叶土地区，在配制人工栽培土时，园土40%～50%、细沙土20%～30%、腐叶土或腐殖土30%～40%，另加腐熟厩肥8%～10%，或腐熟禽类粪肥、膨化粪肥或腐熟饼肥3%～5%，拌均匀后应用，长势最好。脱盆换土时先浇一次透水，待盆土呈潮湿状态时脱盆，可减少伤根。脱盆后将宿土除去一部分，最好留些保心土，再将花盆用清水洗净，如盆壁有堆积物应一并清除。栽植时宜垫盆孔，并栽植于盆中心位置，栽植后置明亮或半阴场地，浇透水后保持盆土湿润，并每日喷水2～3次，待新叶发生后减少喷水次数，即能良好复壮恢复生长。栽植后70～90天，仍应每月余追肥1次，冬季休眠期停止追肥。以后每2～3年脱盆换土1次。

33. 北方地区怎样养护好黄葛树？阳光温室如何越冬？

答：黄葛树又有黄榕、雀树、马尾榕、大叶榕、黄角树、黄葛榕、黄角榕之称，南方暖地多作行道树及园林绿地景观树，北方多作容器栽培，温室或窖藏越冬。黄葛树喜温暖、潮湿环境，喜光照耐直晒。对土壤要求不严，能耐贫瘠，且耐修剪，树势健壮，常做大型容器栽培，或盘扎修剪成盆景陈设，也可做中小型盆栽。通常于春季新芽将要萌动时栽植或换土，同时整形修剪，修剪下来的枝条可作插穗扦插繁殖。伤口用新烧制的草木灰或硫磺粉处理，以防伤流过重，导致伤口以下一段被修剪部分干枯。栽植土选用疏松肥沃、排水良好的普通园土，加8%～10%腐熟厩肥，或3%～5%膨化粪肥、腐熟禽类粪肥等，经充分翻拌晾晒后上盆，置温室光照充足处，浇透水，待室外自然气温稳定于10℃以上时，移出温室置直晒场地栽培。每日上午或下午浇水，保持盆土湿润。生长季节每月余追液肥1次。雨季及时排水。肥后、雨后或土表板结时中耕松土，随时铲除杂草。入秋自然气温低于8℃前移入温室通风良好处，保持盆土土表不干不浇水，并随时清除落叶，保持盆内及场地洁净。越冬室温最好不低于6℃。小盆栽培每年脱盆换土，或换大一号盆，大盆栽培3～4年换土一次，即能旺盛生长。阳光温室夜间不低于5℃，即能安全越冬。

五、病虫害防治篇

1. 盆栽斑叶橡皮树，在叶片边缘或叶先端出现黄色小斑，而后扩大成褐色或黑褐色不规则斑块，是什么病害？如何防治？

答：应为炭疽病危害。叶片初发病时，在叶缘或叶先端出现乳黄色小斑点，而后逐步扩大成不规则褐色、灰褐色或黑褐色大斑，斑四周具黄色晕环，在高温、阴雨或潮湿环境中，病斑上产生黑色小点。高温、高湿，光照不足，通风不良环境发病严重。病菌以菌丝体方式在病叶或健康叶上越冬，翌春危害。

防治方法：

(1) 发现病叶及时摘除，集中烧毁或深埋。

(2) 选光照充足、通风良好场地栽培。

(3) 有病史花圃或地域，发病前喷洒75%百菌清可湿性粉剂600倍液，每10天左右1次，连续3～4次可预防发病。

(4) 发病初期喷洒75%百菌清可湿性粉剂500倍液，或65%代森锌可湿性粉剂600倍液，每7～10天1次，连续3～4次，有抑制病情发展效果。

2. 黄葛树锈病如何防治？

答：黄葛树锈病多在新叶展开后，潮湿多雨、通风不良环境发生。南方暖地发病率高，北方容器栽培发病率较低。自然气温高于32℃、空气干燥环境很少发病。初发病时，叶片背面出现黄色小点，而后逐步扩大变为黄褐色斑块，严重时病斑相连成片，造成叶片脱落。病菌在枝条的叶痕、越冬芽的鳞状苞片处越冬。

防治方法：

(1) 栽培数量不多时，新叶展开后勤检查，发现病叶及时摘除，集中烧毁。切勿随手乱扔，扩大病源。

(2) 秋季落叶及时清扫，集中烧毁。保持容器内及场地清洁。

(3) 有病史花圃或地区，落叶后喷洒1：1.5～2：200～250的波尔多液，或波美2.5度石硫合剂于枝干，有预防发病效果。

(4) 春季新芽萌动前及新叶展开后，各喷洒1：3：200的波尔多液1次，可预防发病。

(5) 发病初期，喷洒25%粉锈宁可湿性粉剂或25%乳油800～1000倍液，或25%瑞毒霉可湿性粉剂800～1000倍液，或70%甲基托布津可湿性粉剂1000倍液，均有抑制及防治效果。

3. 怎样识别黄葛树黑斑病？如何防治？

答：黄葛树黑斑病,在南方温暖、潮湿多雨地区，露地栽培发病较为严重，北方地区容器栽培偶有发生。发病多在春夏间的嫩叶上，初发病时，新叶先端或叶缘上出现水渍状小斑，而后扩大并转为深绿色至黑色斑块，随后叶片皱缩、卷曲、撕裂，最后变为黄褐色至深褐色，潮湿环境，病斑上产生橘红色斑点。发病严重时，病斑沿叶缘下伸或向内发展，造成穿孔或枯黄脱落。

防治方法：

(1) 栽培数量不多时，发现病叶摘除，集中烧毁。

(2) 秋季落叶后，及时清扫落叶，集中烧毁,保持盆表土及场地清洁。

(3) 有病史花圃及地域，新叶展开后喷洒75%百菌清可湿性粉剂800～

1000倍液，每10天左右1次，连续3～4次可预防或抑制发病。

4. 怎样识别黄葛树叶斑病？怎样防治？

答：叶斑病在高温、高湿地区较为常见，北方容器栽培多发生在夏季阴雨较多季节。发病初期在叶片上出现黄褐色小斑，随后扩大连片成稍大褐色至灰褐色斑块，严重时布满全叶，在潮湿环境中，斑块上产生黑色小斑点，即为分生孢子，借风雨传播，孢子在病体上越冬。

防治方法：

(1) 栽培数量不多时，发现病叶及时摘除，集中烧毁。

(2) 秋季及时清扫落叶，集中烧毁。保持容器内及栽培场地清洁。

(3) 有病史花圃或地域，生长期间或高温季节，发现病株即停止喷水，以免借喷水传播扩大病害。

(4) 发病前或发病初期，喷洒75%百菌清可湿性粉剂800～1000倍液，或50%多菌灵可湿性粉剂1000倍液，或65%代森锌可湿性粉剂600倍液，每7～10天1次，连续3～4次有防治效果。

5. 榕树生有介壳虫怎样杀除？

答：榕树发生介壳虫危害，多为褐圆蚧，偶有桑白蚧发生，发生率并不高。介壳虫属刺吸类害虫，刺吸枝叶内汁液，环境允许，全年危害。不但危害榕树，还危害无花果、高山榕、黄葛树、琴叶榕等树木。

防治方法：

(1) 容器栽培虫口不多时，可人工用硬毛刷刷除，或用竹扦拨除。

(2) 喷洒40%氧化乐果1500～1600倍液，10～15天1次，连续2～3次杀除。氧化乐果为碱性农药，加适量洗衣粉有增效作用，但不能与其它农药混合喷洒。

(3) 埋施10%铁灭克颗粒剂，用量依据容器大小、载土量多少，按说明应用。

6. 春季由南方购入一批榕树盆景，2个月后，发现有像蚕一样瓷白色、2.5～3厘米长的肉虫子啃食叶片，食量大、速度快，是哪种害虫？如何防治？

答：应为灰白蚕蛾幼虫，灰白蚕蛾又称野蚕蛾、无花果家蚕蛾。初孵化幼龄虫常集中在嫩茎先端或嫩叶处或老叶背面，啃食叶肉，随虫体增长转向叶片边缘，蚕食叶片造成叶片残缺，严重时能将全树叶片吃光。在南方暖地常年危害，在北方温室内也可全年发生，但发生率远远低于南方。

防治方法：

(1) 栽培数量不多可人工捕杀。幼龄虫多8～10条集中在叶片上，大龄虫啃食叶片产生缺刻容易发现，极易抓捕杀除。

(2) 喷洒40%氧化乐果乳油1500倍液，或50%杀螟松乳油1000倍液，或90%敌百虫晶体水溶液或50%西维因可湿性粉剂500～800倍液杀除。

7. 温室栽培大榕树桩，生有一种3厘米左右长的毛虫，头部有一簇棕黄色大毛丛，其它节间均生有长毛。由叶边缘啃食叶片，食量大，不断啃食叶片变成大缺刻，是哪种害虫？如何防治？

答：应为榕树透翅毒蛾幼虫。除危害榕树外，还危害高山榕、菩提树、黄葛树等树木。南方暖地危害较严重，北方不很多见。危害时间多为夏季。

防治方法：

(1) 栽培数量不多，虫口不多时可行人工捕杀。

(2) 参照上问灰白蚕蛾幼虫防治。

8. 细叶榕发生卷叶蚁类虫害如何防治？

答：卷叶蚁类危害榕树嫩芽、嫩叶，刺吸汁液，并将嫩叶对折呈半月饼状，吐丝粘在一起作为巢穴，使叶片停止生长并产生褐斑，影响观赏效果。

防治方法：

(1) 栽培数量不多，虫口较少，可将叶片用手掐紧后揉动杀除，也可将被折叠的叶片摘下杀除。

(2) 喷洒80%敌敌畏乳油1500～2000倍液，或50%杀螟松乳油1200倍液，或40%氧化乐果1500～1800倍液，或2.5%溴氰菊酯乳油5000～6000倍液杀除。

9. 蓟马类危害榕树嫩尖、嫩叶时如何防治？

答：蓟马类害虫种类很多，危害榕树的主要有榕管蓟马、棘腿管蓟马、大腿管蓟马等，主要以刺吸嫩叶、嫩芽汁液造成叶片停止生长，并在叶片上形成虫瘿，降低观赏质量。南方暖地常见危害，北方并不多见。

防治方法：参照第8问卷叶蚁防治。

10. 在榕树一个枝条上发现2条长5厘米、有褐色及灰白色环纹、背上有6个肉须、头黑色的大肉虫子，是哪种害虫？如何防治？

答：应为斑蝶类榕紫蝶幼虫，危害多种桑科榕属树木。在南方暖地为常见害虫，北方很少发生。初孵化幼虫常吃掉卵壳后啃食叶表皮及叶肉，随生长开始由叶缘啃食叶片，造成叶片残缺，严重时叶片全部被吃光，造成秃枝秃干。北方栽培中发现几条危害，很可能为从南方引入时检疫不当，带来的虫卵或幼龄虫。因紫斑蝶在北方极少见。

防治方法：参照第6问灰白蚕蛾防治。

11. 榕树斑蛾幼虫危害橡皮树叶片时怎样防治？

答：榕树斑蛾又称大红斑蛾、火红斑蛾、朱红斑蛾等。幼虫危害多种桑科榕属树木，叶片受害情况与榕紫蝶基本相同。

防治方法：参照第6问灰白蚕蛾幼虫的防治方法。

12. 在榕树、青果榕、黄葛树等容器栽培树木上，常有一种称为华脊鳃金龟子的害虫啃食叶片，应怎样防治？

答：华脊鳃金龟子成虫体长约2厘米上下，体宽1～1.2厘米，触角10节，鳃片短小，鞘翅黄褐色有光泽，具4条平行纵肋，腹部有黄色绒毛。幼虫白色，长可达7厘米左右，多在地表下10～20厘米处盘卧，并做成隧道。成虫危害叶片及成熟果实，幼虫啃食嫩根，造成双重危害。

防治方法：

(1) 该虫体型较大，容易发现，可行人工捕杀。

(2) 栽培场地设黑光灯捕杀。

(3) 喷洒2.5%溴氰菊酯乳油5000～6000倍液，或40%氧化乐果乳油1500倍液，或20%杀灭菊酯乳油2000～3000倍液，或80%敌敌畏乳油1500～1800倍液杀除成虫。

(4) 浇灌50%辛硫磷乳油1000倍液，或40%氧化乐果乳油1200～1500倍液，或50%马拉硫磷乳油800～1000倍液杀除幼虫，同时可防治蝼蛄、蚯蚓、地老虎等地下害虫。

13. 阳台上栽培的榕树盆景，有蚂蚁筑巢，在树干上爬来爬去，既影响观赏，又不卫生，应怎样消灭？

答：家庭盆栽花卉如果有蚂蚁在盆内或盆底筑巢，植株上多数有介壳虫类、蚜虫类、螨类等危害，应先将上述害虫杀除，虫口数量不多，可用清水洗刷至不见虫体为止。也可移至室外，喷洒40%氧化乐果乳油1500倍液，杀除后再行防治蚂蚁。

防治方法：

(1) 选用市场供应的日常生活用灭蚊蝇的“雷达”、“枪手”、“小螳螂”等杀虫剂,直接喷向盆表、盆底及巢穴处杀除。

(2) 用面包渣、馒头渣、米饭等拌入适量灭蚁灵、氧化乐果、敌敌畏、杀灭菊酯等作诱饵毒杀。

(3) 将植株带盆移至有下水道排水处，用清水浇灌，保持土壤中的水呈饱和状态，土壤中缺氧，蚁类不能正常呼吸，必然爬出土壤以外，这时进行杀除，土壤内蚁卵也会窒息而死。

(4) 浇灌50%辛硫磷乳油1500倍液杀除。

(5) 盆内直接适量撒入灭蚁灵粉剂，效果也好。

(6) 脱盆换土，彻底清除。

14. 自产自销小花圃自繁的盆栽小榕树，在盆内常有蚯蚓排泄物堆积在土表，有时将苗拱倒，用什么方法杀除这些大蚯蚓？

答：蚯蚓又称蛐蟮、地龙、土龙、附蚓等，对土壤肥力的影响，团粒的改善，在农、林作物种植上已有良好的评价，但对容器栽培的观赏树木、花卉，由于蚯蚓在盆内来回钻洞，伤害幼苗，毁坏根系，排泄物常堆积盆土土表，影响美观，是其有害的一面。

防治方法：

(1) 栽培场地摆放前，先行浇灌1次80%敌敌畏乳油800～1200倍液,或50%辛硫磷乳油1000～1200倍液，将地下害虫毒杀后摆放。

(2) 栽培地面铺地膜使花盆与地面隔开，或垫有吸水性的砖块或灌木挤压，使其自行爬出土外人工捕杀。

(3) 浇灌50%辛硫磷乳油1500～1800倍液，或80%敌敌畏乳油1500～1800倍液，或50%马拉硫磷1500倍液杀除。

六、应用篇

1. 榕树类通常在绿地景观中有哪些应用？

答：榕树类在南方暖地作行道树，在园林绿地及庭院作景观树或庭荫树。大多数种类树干高大，株冠整齐，枝繁叶密，遮荫面积大，端庄而不失潇洒，养护简易，为深受广大园林工作者及群众喜爱的树种。榕树在自然生长中，有独木成林的奇观，也可片植成林，郁郁葱葱，背山面水，美不胜收。

2. 榕树盆栽、盆景都有哪些应用？

答：北方大型容器栽培可列置于道旁、建筑墙边，对置于门前或布置大厅、四季厅或与其它花木配置成景。小盆栽培布置会议室、接待室、办公室、大厅花槽、阳台、小客厅、住室、书房等，活泼潇洒，富有生气。制作各种盆景集中展出，或布置厅、堂、馆、室、花园、阳台、小客厅等。原为参天大树的榕树缩成盆栽，修剪成自然大树式或修片成云，或根干如山如云，或掏爪露根，或根悬崖上，或依木依石，或直干苍古，或蟠虬如龙似蛇，或仿效自然，宛自天成，或单干或双干或连理或小林。小的单掌能托，大的可上百斤。将天下奇树美景集于一盆，享受自然之乐趣。

3. 榕属植物还有哪些用途？

答：无花果果实（花托）甘甜味美，为不可多得的美味。可生食，制蜜饯、干果，还可制酒，还有清热润肠的功效。根叶入药，有解毒消肿的作用。

细叶榕（榕树）树皮纤维可做渔网、绳索及人造棉，树皮能提炼栲胶。芽、树皮、气生根入药，有消热解表之功效。

橡皮树汁液为制作橡胶的原料。

黄葛树树皮纤维可加工制作棉絮，并能纺纱织布，老树皮可入药。

薜荔果实制作凉粉供食用，根、藤、果、叶可入药，有祛风除湿、活血通络、补肾、通乳之功效，汁液可提取工业用树胶。

菩提树汁液可提取树胶，树皮及花入药，并能提取工业用胶。

金钱榕

菩提树

琴叶榕

高山榕

菩提树

斑叶榕

彩叶橡皮树

青果榕

花叶垂榕

琴叶榕

榕树小盆栽培

垂叶榕

榕树桩

斑叶垂榕

斑叶垂榕

榕树桩

斑叶橡皮树　黄榕
小叶橡皮树　花叶橡皮树
黑金刚橡皮树

柳叶榕

柳叶榕

黄榕

金钱榕